#1

		8	7	9		3		5
5					8	9		1
		9						
3		7	2	1			8	
6	9	4				1	2	
			6					7
	1	2						
				5		7		8
9		5			3			6

#2

6				9		1		
		7		3	6	9		
3		4		1	2	7		
				5	9	8	7	
			3	4			2	6
5		1	7					
	1	6	2	8	3	4	5	7
7	5		1			2		
						6	1	3

#3

8				1	7	3		
		1	8	6		4	2	5
9				4				
2			1				7	
6			3		4		9	
		5				6	8	3
1	4		6		8			
	2							6
			4	2	5	8		

#4

	9				4		1	3
8		2		5			4	9
			6	7				8
	5							
7		6				8		1
3	1	8			2			
		4	5				2	
2	7	5		1				
6			9			5	8	

#5

		2			9	1	4	
	9	3			1			
4		1				8		
5		4	9	2		6		
8		9		3		4		2
	2		7			5	9	
	6	5	8					1
	4	7		9				5
2			1	5		6		

#6

	5		7					
		4			1	6	5	
					6			4
	5	3				1		
	2	1					4	
	9	7				2		
7	1	5	2					9
		3		1		4		
2	8			6	7		3	

#7

	8							
3	4		6		1		5	
6				4				
		5		8	6	1		3
		3	4		9			
9		6	3				8	
					3		7	
	3	8			7	5	4	9
7			5	4	8	3	1	

#8

	9					1		4
8	7							3
		6		9		2		
2		8	3			9		
		9	8			2		4
3		6				8		
1	8		2			4		
4	6	5	9			7	1	8
					8		5	

#9

		8		5			3	
	5				1	8		
3	2	7				9		
					7	5	6	
				2			4	3
			1	8	3			
2				9		3		
8	7	3				2		
5	9	1				4	7	

#10

		7	1		3			
	1					2		
3			2			6		9
		3	9	1	2		4	8
			4				9	
			3		8		6	
			5					1
1	5	8			4		2	
		4	8		1		3	7

#11

4			1	5		2		
		1	3	4			7	5
3		5		8	2			
			7			1		
1		6	4	2	3			
		9		6		3		
8		4		1				7
		7	8				4	2
	2	3					8	

#12

						7		
9		6					8	1
	2			4				9
	6				3	5	9	4
1		8		5	4	3		
	4	3				8		
	1	2	4	3				
3				6	1		4	7
4	7		9					

#13

			4	6			1	
		4	3		7	9	6	2
6	3				2		4	
4			2	9				5
				4		7	2	9
9					6		8	1
	9	5						4
		8	9	1				
	4	6	7			8		

#14

		7		3	1	4		
			4		9		7	
	1		2	5		6	9	
	3	6	7		8	9		1
	4					8	5	6
		8				2		
	7	1	6	9	5			2
8	2		1			5		
			3					

#15

	4		6		2	9	8	
				9				
	1		8			2		
	6			7				9
				4			1	6
1			3		6	4	5	
		7	5				4	8
4					7			
3	5	6						2

#16

				7	4			
4	2			3		5		
7	8			2			3	9
		7			8	9	1	
				5	7	6	4	
	5					7	2	3
9	3					2	5	
	1					3	6	
6				4				

#17

3	4				5			
	7	5		3		1		
2			7		4		6	
					2		1	
			4				5	
		2	6	8	1	7		
	8	4	5					2
				4	8		7	1
			3	1	9		4	

#18

4						9		3
3		2		6		4	8	1
		8			4	6	5	
7			2					
	4			9			6	
6	2						1	8
		3						6
	9			3		2		
		6	7				3	

#19

				4	7		2	
4		8					3	6
5	1					9		
			1				6	
3	6			7		8		9
	4		6	8		1		
9	7			3		6		
1		4	2			3	7	8
		6		5	1	4		2

#20

8	4				6		7	
6	9					5	8	
		7		3		1	9	
		5						2
		4	7	5		8		
3	8	6	1		4		5	7
		9	3			7	4	
4		2	6			3		
1								

#21

7								
4			7	5			2	
3	8	9				5	7	1
8	1			9	4			6
	9	4	8	2				
		3				8	9	
			9		6	1		
					5	6	8	
1	3					5		

#22

8						6	4	9
	6		4	5	7	8		
		8			6			5
5				4				6
2		6				1		
		9			1		8	2
9			3	7		2	6	8
6		4			8		1	
8					5		9	

#23

			1	2		6		
6	4					9		
1						3		
		7	5	6		9	8	
		9		2			1	
	2		7	9	8			
					3			
2		3		7		5		
		5				2	1	9

#24

					9			
8			6	5				2
1							6	8
			6	4		7		
			5			2	3	1
1				7				
8		5	7				2	3
6	1		3		2		7	9
		2					8	4

#25

	3				8		5	
	9			5		6		3
4				3		8	9	
			6	3				5
				7	3	8		
		3			7	2		4
8	5	9	1	7				
	2		3				7	
3			5		4	9		

#26

9		4	5	8	7			
1	8			4	6		7	2
3		7	9	1		5		
7		8		5	1			
					8			
						8	1	4
4				7		2		
			6				3	
						1		6

#27

	9		5					7
5	6	1			4	8		
			6			4	9	
	5		8	9				2
6		7	4				8	9
			2	7		6		
			5					
				2			6	
	1	5		3	8		7	4

#28

9			5	3		6		
		7	8					
5		8					7	3
6			1	7	3	4		
1			4			3	6	5
			5			7		9
					5	8	2	
			6	8	1			7
8	3	1		2			9	

7

#29

							1	
	3	1				8	6	5
	4	2		1				
7								1
4	9	3						
1		6	4	7	3	9	5	8
			6					
	1		9		8	5	7	
6	5	9				2		3

#30

	8			4			6	7
		3		5	6	8		
	1	6	9		8	3	5	4
6	7	8						
5	2						9	
	9				4	5		
8		2			5			9
1			4					3
		9		8				

#31

	3	6		7				
	4	8	5	6			3	
	5	1						
3					9		4	
	2		8	3		9		1
	1	9		4		6		3
4		5	9					
1		3				8		4
6	8				3			

#32

	8	3		6				
		9	3	7		4		6
4	6		9		8			
2			7	9				
	7		1		3	9		
3			5		2			
	1	8				2		4
	3	2		1	5	7		
6		4				3		

#33

	1	3		2				
8				3		7		
7		2	8	5	1	9	3	4
						6		
	7		2	4			8	1
			3		8	4	9	7
			1					
	3		5		4			9
	4			9		2	6	5

#34

1	9	5	4		8	2	3	7
			3			4		
8					7			
9	2		8	5				
	4	1	6				5	8
	7				4	3		
			7	8				5
	5	9		4				3
7				3	6		4	

#35

2	1					5	4	
	3	8				7	6	
5	9	7			4	3	8	
						8		
9		1		4	3	2		
3			8	1	6			
			7				3	
1	2				9	6		
			1	3	5			

#36

		1			8	4		
2	9			1	7			6
4		6		5				7
5			1	8		9		4
		8					7	
				2		5	3	
9		5		7	2	6	4	
1	2			6			8	
			3	4			9	

#37

2			8					
		5						2
8	1						7	
		7			5		4	
			2			5	8	3
	6	8	3	9	4			
6	8			3		7		
9	5			4		3		6
	4				1	2	5	

#38

								9
	7		6			4	1	
2	5		9		6			
3		4	8		5	7		2
			7	6			8	4
			2					
7		6				2		8
3					6		9	
2		3	8	7	5			

#39

6	5					8		
4			9	7		6		
		7	8		4		1	
2						3	7	
	7		2	6	8		4	
	8	4			7			
5	2	1			3	7		
8	9					5	4	
	4			8			9	

#40

5				7				
		7		3			2	
4		6	2	1				7
			1	2	8		6	
6	4			9	3			2
8	3		6				1	5
1							5	
	6	4				2		7
		5			6	1		

#41

1		6		8		7		5
8		5					4	
2		7			1		6	8
3		8		1	9			6
			4	2			3	9
		4	6			2		
5		9	1				7	
6				5	2	1		
			8	6				

#42

							6	
5		3				9	8	7
	7	2	5					1
4		9		5	1		2	
7	8		3	2	6			
3	2	1					7	
2								
	4				8		5	9
	5	8	2			4	3	6

#43

8		3			6	5		
				5	7	8		4
	4			1	8			6
9			5		1	6		
1	8	7		2	4			
5					3	4		1
	1	8						
4	7						9	

#44

	3	8		4	5			
	5			9				3
7	9				8	4		6
1	7			5			9	
		6			7			
8	2		9		3	7		
					6			4
			2		9		6	
		9	4				2	8

#45

3						6		
	5			1			4	
	9	4			3	1		2
					6		1	8
	7	2		3	4			
			8		5		3	
2		9	4		7			
5			3		9			
	8		6	5			2	

#46

1	9						2	7
	7							
	5			3				
			6		1			
9			2	8	5	7		
7			3		9	1	5	
8				2	3		7	
2	1		5				9	
	3	9	8			5	6	

#47

				5		9	7	
1		3	7		4	8		
		7		1			3	
			5	8	7	3		4
8	4		6	3			1	
	7					5	6	
	1							
	5				8	1		3
7		4		6	9			

#48

4	1		7			2		
2			6		8			9
	9			1	2	6		
9		7		6		5	8	2
1	5	8	2				6	3
6					9			
	6				7			1
7			9			3		5
	8		1		3	7		

#49

	9	4	6				1	5
		1		7		9		8
	8							
					3			
2	4					1		9
8					9	6		4
		5				8	6	3
					1	5	7	2
3	7		8		6	4	9	

#50

		7	2		8	1		3
			1	9				7
	1	3	5			9	8	
4	7							
	5	1			9	8	3	4
				1	4			5
								1
1		5	4			6	9	
						4	7	2

#51

9	7	4					8	
6		8					5	
3				6			9	
8				5	3		1	7
		9				5	2	
	4		6					
5	8		7	2		3		
2			4		6			5
		7			9			

#52

4		9	1		6			3
8	6			2	4			
		1		8	9	4		2
3			2	6	1	7		
2	1		7					
			8					
	7		4	1	2			
9		2					8	
		5					2	7

#53

				8			4	7
	9	8					3	
	7	3			1			9
	4	7	8	2	5	6	9	3
	2						8	1
		9		1	6	4	7	
7	3	1					2	
	8		7		4		1	
9						7	5	

#54

	3				5			7
8	7	9		1				
	2	4	9		7	1	6	3
	9		1				5	
4		2						
		8			3			6
3	1				9		8	
		6						5
			5		2		4	

#55

1		7	4	2		8	3	
	9		8		3			7
4			9					6
5	1		7					4
2			5		1			
	8					9		1
3		1		9				5
9	6			7	4		8	
				6			9	3

#56

			6				7	
8						9		
9	6	1	4					
1	7	3	8	4				
			2				3	
4		5	7		3	6	8	
7					8		9	5
	8		1					3
			9		2			7

#57

3	6	7	9	4				1
		4				8	7	
			1	3				
6	3	5			4		9	
	1		6	8	9		5	
7	8	9		5				
			5			9		4
9					1			
		3		9			8	

#58

3			1			8		
	5	2	8					4
	9				7			3
	8	4		3			7	
9	7	6		8			3	5
	2	3	9					
			4		9		6	
2	6		3			4		
					2			1

#59

						8	4	
	3	6		1	4	9		
4					3			
		8				3	9	5
9			7			6	8	
6		3	9		2	1		
		9	4	5				8
			6					
5			3	9			2	1

#60

9		2		5				3
				4	3	1	9	
					2		5	7
3		7	5			2		9
				6	7			5
	2						4	
7		4	8	2		3		
6	5					9		
2						5		

#61

			6					2
		9	4	2	5	7	1	
				1	9	6		
6		5			4			
	2	7	5	6			8	
			1	7		5		9
8			3	4	1			5
		3						
		2			7		4	

#62

9		1			4	3		
5		2						
			3	5			2	1
2	9	4	6	8				7
8				9	5		4	
6			7		2			
		6			9			
	8		4		1	7	5	
4	5				8			9

#63

5			9					8
	7		2		5	4		6
8				4			7	
	9							5
			4		6		2	3
3				7	9			
	6	5	7	2				
		9	5			3	4	
7						6	5	2

#64

	5		9			6		
7	6					9		1
	8	9						
				2				3
1	2	7				5		6
			5	1	7		9	
	9	2				1	3	4
				9		2		
6				3	2	8		9

#65

6				1	4		5	
	7		5			9		
						4	6	
9		7	4	3	6		2	
	5	3	1		9	7	4	
				8	5			
		1				2		
		6			7	1		
7			8			6		3

#66

	3					6	2	
5	4					8		3
		9	4	3	1	6	8	
			2			5		
3	9					5	4	2
			2			1	9	6
7							4	9
1	8						5	
					4	7	8	1

#67

		6	5	8				
		9	4			1		
	3		1	6		5		
3			6	9		1		4
		8			2	9		7
		5	8			2	3	6
5	2	3		4		7		1
	8			5			3	
						2		

#68

			2	3	6			8
1	9		8	5		3	2	
6				2	1			
3					6		1	2
5	7		1	4	3		8	9
				7	9			
	1	4	7			2		
				1				
	8	5		6		4		

#69

	9	1		4				8
7	4		8	6	3			9
3	5				7			
	6						8	
		7	5	2	8		3	
				3				7
1					9			2
9	3		4		2			5
2	7		6	5	1			

#70

2					9			6
		5	7				4	
9			3		4			2
		7						8
8						4		
	1	2	4	9		3	5	7
4	2	9	5					
3			9	4				
			2		6		9	

#71

5	3		6		8		7	
			3	4		1		9
	4				7			3
		8		7				
4	9	1	2				6	7
			9			4		5
	2		7	6		5	9	
7					9	3		
	1	3					2	6

#72

							6	
9				7		5		2
	6	2		8		4		
	8		7			3		
	7		3	6	9	2		
3	4	6			2			
	1			3	8			7
5								
		3		2	7			5

#73

	3				2	9		
8		1						2
2	4		5	7				6
1		4	7	3				
		2		8		7		
	6	3			4	1		5
	2							
			8		7			4
	9	7	4				2	

#74

4		8				2		7
							4	9
9	1	2						
	8		6		2		7	4
	5				7		8	
	2	7			5	6		
8				2	3			5
	7	1	5	6			3	
				7				

#75

	8	7			9	4	5	
	6			4			7	2
		4	1					
5			4		1			9
8	4			9		3	2	
	7	2	3	8			1	
		3		6				
				5		2		
			7	1	3		6	

#76

2	1							
	4		2		9		1	3
3	9				5	7		
9	5			3				
			5	2				
		8		9				7
			9	6	7	8		5
5			1					6
	8				4			9

#77

	5	1	2		4		3	
	6	2		5		7		
3	9				6	5		
			4			9	1	
	4		1			3	6	
2		8	6		3		5	
	2							3
1		6				2		
	8						7	6

#78

				6	7			
	9							
4		5		8				1
7		6		2	1		8	
8	2		3				7	
			4	9			5	
3	5							6
3		6			1	2		
6	7		8	9			5	

#79

		4		9				
2			5		1	3		
1				8	4	7	2	9
6	1	7	8	2				
			4				2	
			5	6		1	3	
	2	6				8	1	
3		5	9					
4						3	7	

#80

2						1		3
9			4	5				
2					5			4
6	7		3					9
5			2	7	4			
4			3	8				
			4	3				
	5		3				8	2
6	7		9				4	

#81

	7	3		8	2	5		
	4	8				6	1	7
6	9					3		
3			8					5
7	1		3				2	
					4	9		
4								
			5	7	1		6	
5	6					2	7	3

#82

6	8		5	4				
				3	7	8		
		2			6	7		
9	7							6
4		1				5		
8	2		6	7	4		3	
5	9		4			6	1	
	3				5		9	
		4	7			3		8

#83

2		8		6		5	1	
		3			4		2	
				9	1			
	3	4					5	
	8		9		6	3	4	1
9	1		4			2	8	6
8	4		7					5
		5	6				3	
			5	4				

#84

7				5		9		8
						2		
	9	8	1	4				
6				8				
8			2			7	1	
		2	9		5	6		
		6						7
	4		5			8	2	
9	2		8	1	7			

#85

	4	2	5				8	
7	9			1	3	4	2	
	1	5				6	9	
	3	9	1					4
	7	6	8	4	5			
			3			8		
4	8	3						9
9	2		7		6			
				8			1	

#86

		5		9				
1	3		4	7			9	2
					8		5	
7	5			6				
	2			3	4			1
3	1				2	9	6	4
			9			6	3	
9	7		6		3	2		5
8					7			

#87

9	8		7	6		5		
	4	3			1			
			8					3
8				3		7		2
		4			6		5	1
			1	7				8
4	5	8	3		7			6
3	6	9			2	8		
		7	6				4	

#88

7	9	2		5	4	1	3	
	8		1			2		9
1					2	5		
2	6							
	1				9			
		7	2	8		9	6	
		6						
5	2						9	3
	3	4			1			

#89

		8	4	7	5		2	
7			1	2				
4				8		6	7	
	6				4		8	
		7	5	9		4		2
2	8		6		7		5	9
9	7						4	
		6	7	5		2		
1			8					

#90

		1	2					
6	5		1	8				4
8			4		5	6		1
5			8				1	
2							6	
	1	7	9	2				3
				3		9		6
		5			2	1		
	8	6	5		4		3	

#91

	6	9		5		7		
4			6	8				3
3	2				9		5	
	4	8		1		5	9	7
	9		5	7		3		
7	5					4		6
	8	6						
	3	4		6		2		
		2			1		6	9

#92

	6						4	9
9		1						7
	4	5		9		8		1
4				7	6	1	8	2
	8					7	5	3
			2	8			9	
				1		2		8
		9	8	3	4		7	
	5		6			9		

#93

4	9	5			2	7		8
		7	5					
2	3				7	6	5	9
		6				5	7	
	8			4				2
		3	2		6			
					3	4		6
			6				9	
6	7	4		2		1	3	

#94

4	3	8	2	1		9		5
			6		4		3	
2	9		8	3	5		7	4
9	1	3				7		
					3	2		1
		4	5	8	1	3	9	
					8		2	
						4		9
				2		6		

#95

		7	4	2	6	5		
1		5	9					
			3		7	1		
9	6		8	1	7			5
	5		3		9			
			6	5	3			
	3			7	4			
5		2			3	9	4	
6		4				8	3	

#96

5	3	7				1	4	
9				5		2		3
2		1		3		9		
	2		5				9	1
	1	9			3			6
			9	6		3		2
	4		2			6	1	
1		2		4	6	5	3	7
7			3	1				

#97

				8	5			
	2						8	4
		6	7	3				
7		1		4				3
	9	5	3		1			2
2			9		8			
	3	2			6	7	9	
1		8			7		2	5
		9						1

#98

					6		4	3
1	4	7		5	8			
		3					8	5
	1	8		4	5	2		7
	5	7		3	2		9	8
4	9				1		5	2
2							7	9
				9	3	4		

#99

	7	8					1	
	2		7	4	6		5	
			2			7		
9			6		1			
2	1	6	3					
	5	7	1	9		8	6	
8			3	5		4		
7			9	8	6	3		
						2		

#100

7	4				9			
		8	2					
	3			7	8		9	
					6		5	
			5	8		4		7
8	2		3			6	1	9
					3		5	7
5	1		6	8	2		9	4
4					9		2	

#101

					4			
				1				3
		6			5		8	7
5	9		7	6	3	8	2	1
2			5	9	1	6	7	
1		7						
6	3				9	7		8
8			1		6		3	
	5		3			4		

#102

1	8						5	
	7	2	9	6				4
3		9		7		6		
7	3			1		4	6	
		8					1	3
	1			2	6	8		
		1	6					
8			7		1			6
		7	2	9		5		1

#103

								6
	9	7	2					
		3	1			8		
					8	3		1
			7	4			5	
9	8	6		1				
	3		6	7			1	5
5			3	9				
		4	8	5	2			3

#104

5	9	6	8	3	1		4	
4					5		1	
	7						5	
7			4		9	1		8
		3	7			5		
1	6							
	5							
3					7	6	2	
8			5				9	

#105

1		7		6	9	4		
	4					3		9
	3	9		2	4			5
5				9	6		4	3
	9	6		3	2		5	8
				5	1			
	8		2				3	
	6							
9	1			8				

#106

2	8			6	9			3
			4					8
		1					6	
	2	4				8		
					6	4	5	1
	1	9				3		
3			9	1	4	2		
		2	6	5			1	7
					8			4

#107

	7		9			3		
3	6			8		1	5	4
4	5				3		9	
	8		4			9		2
9	4	5					3	
				9	7			
	9		2					5
	3	2		6		4		
		4	5	7		6		

#108

9			6	3		8		
2		5		1	9		3	6
8	3	6	7					5
	9				7	6		
	5			4				2
					6			1
	2		1			5		9
5	6		9					8
1			4			2	6	

#109

			1			6		
6								1
1	9					2	3	
5				2			4	8
7		4	5		8		6	2
9			3					7
	6	7				1		9
				5	2	8		6
	5		6					3

#110

7		5	3		1			6
		3						7
9		6				8		
8	9	1						2
	5	2			8			
5				2		9	4	
		9	7	2	3		8	
		7				9		6
			1	6		3		

#111

	4		3			9		
	3				7	5		
6		5	2	1				
	1	7			8			
3	9					8		
8	5	4	2				1	7
	6		7	4				1
			9	3				
5	7	3	6	1	2			9

#112

7	6				5	8		
						2	9	
	2	9	1	7	4			
		1		8		4		
	3	8		1				9
	9		4			1		
3			5			7	6	
9	7				1	3		4
	8			4				

#113

5	3				6	9	7	
4			9			1		
8							4	
1			2			6		
	5	9	8		3		1	
					1		9	8
2				5		7	6	
	4				8	5		1
	7	5				8	2	9

#114

	3							
2		1	9					3
	5	8				1		4
				2		6		9
5	1			9			3	
6		3	4					5
		5			9			
9	8		5				7	1
3		4		7				8

#115

4	5					1		2
	9	3	2		4			7
8	7	2			1	3	4	5
	1	4					3	6
6							7	
						9		
			9	8			6	1
	8	9	1	2		4		
	6				7	8		9

#116

	5	8				7	6	
			8			9		3
9	2	3						5
8			5	3		6		4
				6	7		8	
2		1			4	3	5	7
6			4		9		7	
5			7					6
			3			5	9	

#117

9		6	1				7	
						9		6
		3		9		4		
		1	8	7	9	6	2	
	4	9	2			1		
		2	4		3	7	5	
	2		6			8		
	9			4	1		6	
					2		4	3

#118

	5					2		
			6	2	5		8	
4			1	9		3	5	6
	2		5			9		3
8				7	2		6	5
5		7					4	2
3	7				1		9	
		8			4			7
2			7					

#119

5	3		2	1		4	7	
6					7	5		
		8	4		3			
	7	4	9		5			3
1	2	5	6	3		9		
	6		5	8				9
9		1			2	6		
4			1			3	5	

#120

				5	7			2
1		2					5	8
		5	8		1	9		7
			1	8	4			3
	1	4	9	3	5		7	6
8				7	6			1
							6	
	6			9	3	1		5
	3							4

#121

8			9			5		1
				6	1	3	9	
		9		4				2
		1	4	5			3	6
	4			8				7
	9	8	3	2				
			8	7	5			9
	6	4				7	8	5
		7			4	2		

#122

3				4				
	8				7		6	
5			6				9	
7					5	6	2	
8	3			1	6	5		
2			4		8			
		3			1			2
	2	5		6		3	8	
			5	2			7	

#123

6		1	9	2				
		9	1	8	5	6	3	2
8					6			9
2	4					9		
					9			
5			6			2		8
		5	8					
		3				7	9	
7	6				3			1

#124

2	9		6					
	3	6				2		
		4	8			6	7	
4		5	2			1		8
3				5			9	
	6				8			4
		7					4	
8			4	1				7
6		1	3					

#125

7			4	8	1			
6				7	2	8	9	
8	3	4		6	5	2	1	
			5					9
	9	3	2	4	6			
						3		
		8	7	2		9		6
	7		6				4	
4	6				3	7		

#126

				1				
	1							3
9			8	2	3		4	1
6		5		8				4
2			9					6
			6		5	1		
		9		5	6	2	7	8
	7		1	9	8	3		
		8			2	4		

#127

5	3		9		2	8		
6						2		
	2	1			3	4		9
		5	2	9	8	1		
4			3		5		7	
1	8	2	7					3
				3		6		
2				6		7		9
		6	1			7		

#128

5	8		2					4
2	4	3						
	9		4	5				1
		6		3	9	8	7	
	1	8						
7		2					6	5
9	6		3					8
1	2	8	9	7			3	6

#129

1	3		7				9	6
			9	2	1			
	7	9				1		2
		6	1		5			3
	1						4	9
	2	8	4		7		1	
	6		8		4			
			3					8
		4	2	1	6			

#130

	1						2	
	7			2	4	6		
	8	2		1			9	5
	9	1		5	2			
		3		6			7	9
				3		5	1	
2	6					9	3	
	3		2			4		
5			8	9		1	6	2

#131

					2		6	8
	2	1	4		5		3	
		7	1		8	4		
5		8	7		6		1	
					4			
7	3		2			9	8	
3		5		4	9			
	6	2				5		
	8						9	

#132

9		3	5		7			2
				1		5		9
1				9	2	4		
8		4	7			2		3
	7	9			4			1
		6		2	9	8	7	4
5	9		2				4	6
6	4	1	9	3		7	2	5
7	3	2	4		6	9	1	8

#133

					5	3		
		2	6		8			
		4				7		
2				8		6		9
9	3	6		5			2	
8		1			6		7	3
6					7	9	4	
			9		3			7
	9			6	2	1		8

#134

	1	7	3		5	8		
8	9	4	2		6		3	1
	3		9	8			4	
			6					
4				2			5	
			7	5		1	6	4
	4	9	5	1				6
5	7	8			2			
					3			

#135

	3				1	5	4	
5			9	2			7	3
7		9		3				
4		5				7		1
		8	2			9		5
	2		5	9			8	
			1	6		3		
9		3				1		8
1	7		3			4	9	

#136

5		1					4	9
	9		5					
8	7			6				
2								
8		5		9	2		7	
3			4		8			
			9		5	1		8
1			8				9	6
9		8			1	7		5

#137

				6	7			
8	4	9			2	6	7	
3	6	7	9		8	2		1
		1		2	4	9	3	
2		3			9		6	4
					3	8		
	5	2	8	9		7		3
		8						
			2	3				

#138

	3	6					7	
2	9						6	
		7			5			
			9		4	7		2
		5		8	1			
8	7		3			9		
			6		7	8	9	
	8	3						
		9	5	4	8	3	2	7

#139

	5	8				9		
				6	8			5
6								
			5				4	3
4	2			8	3	6		
	3		4	7	6		8	9
		5	6	4	7		1	2
8	6	2		3	9		7	
7							9	

#140

9		2			5		8	7
7				8			2	
	8	5	7		6	3		
			4	1	2			6
					9	8		
				3			5	2
	5					2	6	8
8	6						7	
3	2	7	5		8	4	1	

#141

7	4	1						6
			7	4			1	5
				6		2		
				7	6	5	2	
	5				9			
	7						8	
5	8		6		7			
	2	3	4					
6			8	2	1			3

#142

2			9			3		7
	4					6		9
3	9							
				5				
	6	7				5	9	
1		2	7	9		4	6	3
			1					2
5	2						3	4
	3			7	2	1	5	6

#143

9	8				3			
	7			1	9			
4	1		8				6	9
			9			6	4	
	9	5			6	8	3	1
7	6			8		1		3
3								6
		9		6	1	5		

#144

		8	5			3		
		5	8			1	6	4
6				7	1		2	
			4		2	7		
			7				8	3
8				3		9		
5	8		1		4	6	3	
2		1			7	5		8
3								

#145

1		8			4	7	3	5
4			3	5		6		
6					8	4	2	
2		1	8	6		3		7
	6				2	1		
		3	1		7			
		6		4				
	7		9		6			
8								2

#146

			3					
8	4	6	9		5		7	
					1		9	2
		4			8		2	
				1	2			
		8	7			1	5	
4	8					6		
2			8	7		9	4	5
9	5	7	1		4	2	8	

#147

9		8	5	1		4	2	
	5	7		4	2			8
1	4	2	3		8	9		7
	8							
6	2			8		3		
			1		6			
	9				5	7	6	1
				7	3		9	
8	7							

#148

				5		2	8	6
		2		7		9		
6	3	5		9	8			7
8	5		3				2	
3				8	4			9
	9		7					
5							6	
9				3	2	8		
2	1	3						5

#149

	8	2		4		9		
			2			6	3	
3		6	8	9		4	1	2
9		1					7	
	4			3			2	
					7		9	
				5		7	6	
		8			2	5	4	
4		7	9					

#150

	9				5			3
1						9	5	
5			8	9	2			
		7				4		
4			1					7
	2	1	7			6	3	
7	4	6						9
	3			7	6	8		
			2	4	9			

#151

1		2				9		8
9	8	6		1	3		2	5
7	5	3	2	9	8		1	4
3		4				1		6
	9	1	7		6	2		
2						5		
4	3	5					6	
				4		3		1
						4		

#152

9			7				6	2
7			8		1			
4		2			6	1		
								4
	1	4		3			8	9
	3	9					5	1
1	9	7		8				
	2	5	6				4	
			9				1	

#153

6	2	4					1	
							4	
			5	9	4	7	2	6
2		5		1		8		7
	7				3			
	4						3	
8		2	7				5	
	6	3					7	4
	9			6		1	8	

#154

			8		9	1		
9	2					7		
			4	7		3	5	
	7			1		2		
2		8			7			3
6	3		2	8				
	9	5		4		8		
	8	2		6	5			1
1		6				9	7	5

#155

		3	5		2	1		
5					8			4
9	1		3					
		8		3	7	9	5	
	3		9				7	8
				6	5	4		2
3		9						
			6	2				9
	6	2					8	

#156

	1	9	4	8				7
	5	2	1		7	6	3	4
4	7	6		2				
5					8	3		
			6	4			7	
					5		4	
7		8		5		4		3
6	4			3			2	
				6		5	8	

#157

	2		3	4		9	8	
4		1	5	9			3	
3	8		6				5	
8			1	3	4			7
7	5	4		6				
						6		2
	4		9	7				
1					6	8	2	
2							7	

#158

	3					5		
				4			8	7
			5	7	6			
5	7		9		1			
				5	8	1		9
8	9		4	3			5	6
3								5
9			3	1				8
4	6	8	7		5		3	1

#159

8	6							2
4	3	7	1	2		8		
1			8			7	6	
6				1	8			
					9			7
			6	4				
		2	5		7		3	
	7	8		3			2	6
3	4			8			7	9

#160

	6					2	7	
	4				6	3	9	
	1	5		7			4	
6	9	2		1	4			
		4		6		7	1	
1			5				6	
4		3						
						1	2	
	2	1			3	4	8	7

#161

			2					
	9	8				7	2	
	3		4		8	5	6	
	8	4						
3		1	6			8		9
9	6		1	8	4			3
	1	3	5	6	2		9	
2		9			1			
6			8		9			2

#162

				6	3	2	1	7
			1	5		9		
			7			4	6	
1	7	3	4					
2							4	
	9	4	3	7				2
	1						9	
5		6		1	7	3		
4							7	

#163

			3	1		5		
3			7		5			
		5					9	1
	3	1	8	5			4	
		9				8		
				4	7		1	
5					2	6	3	
	6			7	4		8	
8		2			3			7

#164

9	6						8	
			2	1		7		6
	4		8			2	5	3
	9	6		3	2		1	7
		7	4	8	1	5		
1							4	
			1	9	3	4		
		9						
			6					8

#165

		8	3	2		6	5	7
7		3		8			2	
			6		8			4
6					1		9	
		7	4			1	8	6
5	7		8		6			
	3	1	9		2			
8	2				3			

#166

							8	
3			8	6		9	2	
				3	5		1	7
2		4				6	9	8
		5	4	9				
	7	8	6				3	
4		2		1	9	8	5	
			2	5	4			
	5					7		

#167

		7	9	1		2	4	
	9		5				3	
		5	2			6		9
		6		5			1	
		3	8		6			
5	4				2			
6		1	7				8	2
7			6		4	3		
							6	

#168

	4					6		7
1				6				
5	6		7		2			3
	1		4	2	8	7		9
9	2						4	8
7	8		1				6	
	5					9		
2	3			7	6	4		
4		7	8			3		

#169

			7			2	6	5
		5				7	1	3
		5				9		
8					6		4	1
2		6					7	
5	4	3		7			2	
3	6	9					5	
4				6	5			7
				9		1	3	

#170

3	1		5		6			
7						1		6
	6	8	1			4		
9			3					4
		1	4					9
8		3	9			6		
				5			8	1
			2	8				
	8	5		1		2	4	

#171

	4		7	8		2		
7	8	2		5		4	3	
3	1	6			9	5	8	7
			1		4	3	6	5
			3					
	3		5				9	8
		7		6		9		
					7	8		
1		3		4			7	

#172

2		5		1	9			
	9			3	8			7
	1					9		
		4						9
1		2	4	9		7	3	8
				8		4	1	2
			1		6			5
		2		7		6	9	4
		8	9		3			1

#173

7		2						
6	4	8			7		9	
			4	6			7	
9			8					
		6					2	4
4					6		3	8
	8	5		7		4	6	3
	7		6	8	3		5	
				1			8	

#174

9			6			5	8	2
		5	8			6		
	8				5			4
8	7		5		2		3	9
5	6			7			2	8
			1					6
	5	9			1	8		7
7				3	8			5
			7					1

#175

1			4	8	9			3
	4		3	1			8	7
8	2				7			
		7		5			2	
	8	1	6				7	
					1			
							9	
				9	4	3		6
	6	8				4		

#176

1								
4		2		3				
	9	8	1	4				3
	5			1	4			
2			7			9		
	7		6	2	3	4	5	
		7				2	1	
9						7		
6					9	3		5

#177

	5		6					
6	4					7		
		8	7		1		6	4
5		6						9
7	8		9	4				5
	3	4						7
		3			6			8
				7	9	4		
4		9	3			1	5	

#178

	7	6			1	3		
			4	6				2
		9	2				8	5
1	3				4			
6		5				1		9
8		7	1					3
			7				5	
			8	9				
	5	8		4	3			1

#179

	6	1			5		7	
	8		1	4				
4			6					
			9	5		1		7
7				8		4		
5		9		2	4	6	8	
6		3	5			7		8
	9	5		6				2
	7		4		9	5		

#180

	5						2	
	7	6	3			8	9	1
		9	8	4	7		3	
		5			2			
7	3				1	2		
	6	2				7	1	3
			2	1			5	
			4			9	6	
		3						4

#181

		4	3		1	2	6	
9							4	
			4	9	5	3	1	
7		8					5	
			5		7	6		2
	5		6	1		7	9	
	1			6	3		2	
		5	1			7	6	
2				5		8		

#182

	4	5	7	3		9	8	
		1		8		6		
9		3			2	1		
3							7	
		2		4	7			6
	5		9		6		2	
					4	7	6	
7		9				8		1
	6			7			9	5

#183

	9				3	2	1	6
	7			2	6		8	
	2	6			1	9		5
8	5		6	1		3	9	2
2		3						
9	6			4		8		
7				6	8			4
1					9			
			7					

#184

1	3		7					8
	8	4						
7	2		1			9	6	
			7			3		
			1		6			4
2	3					6		5
	4		8				1	6
					5	4		
1				6	7			

#185

	7				3			
3	4		2			6	7	9
6				7				
9	3					5	2	7
		7				8		4
2		4		5				
		8	7	2	9	3		1
		3				9		
5		2		3	4	7		8

#186

8	3			1				
		5				3	2	1
6		1		7	3		8	
5	6			9			4	
9	1	4						
		8	1	3		9		
				2	6		3	
2	8		3	4				9
	4		5					7

#187

	1		3			5	2	
	3					6	8	
			1	6	2	3	9	4
				9				5
		1		4				
	9		5			2	1	
1	5					9	7	
6		3			7			
7								2

#188

8		5		1				2
		1	6			3		4
3		7	1	2				5
2		8	7			4	1	
5					6		9	7
		9	4		3			
	8	3		7		5		9
			9	6		1		

#189

5				6				
2							6	4
7	4	6	3	1				5
				4	3	6		
	5	4	1	9		2		3
	3	9		5	2	7		
3	1	7	5		6			
		5	9	3				
	6		4					

#190

		1				2		
7		9	6		4	3		
	6	8						9
		7						1
	1		7	8	9			
8	5					9	7	3
		5	8	3				
2	8	3	4					6
		4	2		5			8

#191

	5				4		2	3
6	9		7	2				
		4	5		3		6	
	3			1		7		8
		2				5	9	1
7			9					2
8		5				3		
3		6	1					4
				5				

#192

		9		4	7			
4			3	5				
		6			9		7	
9	4					6	5	
					2		3	9
						7		
				3	5	2	8	
		4	9	8				
	8	3			4	5	9	

#193

2	3	5				4	6	
7			3					
4	1	9			5			
3	2		9	1			7	
5						8	3	
1					3		4	2
	4		5		9	3		
			2	8			5	4
			4	3			9	8

#194

2						8		
	5				8			
4		3		6	5	9	2	
				1				
	6			4	9			2
			8		6	7	3	
	1				3	5		6
7				5		2		8
	9	5					7	

#195

9	7		5	8	2	6		4
						5	1	
	4						2	7
		4		1				6
3			9	4	8			5
8	1		2	6				
	5	6		7				
4	3					7	6	
				2				

#196

	5			9				
	7		6		5	4	9	2
8	9			7			1	6
1					8			
		8	5	3	9			4
5		9	4			3		7
2	4							5
9				5	3		4	1
				4		9		

#197

9	1					7		
	3						5	6
					5			8
3		4			1		6	7
1				6	7		4	
	7		5		3	8	9	
				7				
	4	8	6			1		9
2	9	1			8			

#198

4		7			3			1
	2			5				
1	6			4				9
2			1					
7	3		4			6		
	8		6	3			1	
			8	7				4
8			5	9		1		3
		4	3		2	5		

#199

	8					1	9	
				7				
	2				9		4	
7	1				2	6	8	
6					7			
8	3	2		1	6			4
	6	1		9				2
		8	6			3		
	5	9	8		1			7

#200

		8		4	2	6	9	
2				5		3	1	8
	6	7	9	1				4
	1	3	8			9	7	6
	2		1				4	
				9	3		2	
7	8					4	3	
							6	
5						7		9

Solutions

#1

1	2	8	7	9	6	3	4	5
5	4	6	3	2	8	9	7	1
7	3	9	5	4	1	8	6	2
3	5	7	2	1	4	6	8	9
6	9	4	8	7	5	1	2	3
2	8	1	6	3	9	4	5	7
8	1	2	9	6	7	5	3	4
4	6	3	1	5	2	7	9	8
9	7	5	4	8	3	2	1	6

#2

6	2	5	4	9	7	1	3	8
1	8	7	5	3	6	9	4	2
3	9	4	8	1	2	7	6	5
4	3	2	6	5	9	8	7	1
8	7	9	3	4	1	5	2	6
5	6	1	7	2	8	3	9	4
9	1	6	2	8	3	4	5	7
7	5	3	1	6	4	2	8	9
2	4	8	9	7	5	6	1	3

#3

8	5	4	2	1	7	3	6	9
3	7	1	8	6	9	4	2	5
9	6	2	5	4	3	7	1	8
2	3	9	1	8	6	5	7	4
6	8	7	3	5	4	1	9	2
4	1	5	9	7	2	6	8	3
1	4	3	6	9	8	2	5	7
5	2	8	7	3	1	9	4	6
7	9	6	4	2	5	8	3	1

#4

5	9	7	2	8	4	6	1	3
8	6	2	1	5	3	7	4	9
1	4	3	6	7	9	2	5	8
4	5	9	8	6	1	3	7	2
7	2	6	3	4	5	8	9	1
3	1	8	7	9	2	4	6	5
9	8	4	5	3	6	1	2	7
2	7	5	4	1	8	9	3	6
6	3	1	9	2	7	5	8	4

#5

6	8	2	5	7	9	1	4	3
7	9	3	4	8	1	2	5	6
4	5	1	2	6	3	7	8	9
5	1	4	9	2	8	6	3	7
8	7	9	6	3	5	4	1	2
3	2	6	7	1	4	5	9	8
9	6	5	8	4	2	3	7	1
1	4	7	3	9	6	8	2	5
2	3	8	1	5	7	9	6	4

#6

2	5	6	7	3	4	1	9	8
3	8	4	2	9	1	6	5	7
7	1	9	8	5	6	3	2	4
8	4	5	3	7	2	9	1	6
6	3	2	1	8	9	7	4	5
1	9	7	6	4	5	2	8	3
4	7	1	5	2	3	8	6	9
5	6	3	9	1	8	4	7	2
9	2	8	4	6	7	5	3	1

#7

5	8	1	9	3	2	7	6	4
3	4	2	6	7	1	9	8	5
6	9	7	5	4	8	3	1	2
4	2	5	7	8	6	1	9	3
8	1	3	4	2	9	6	5	7
9	7	6	3	1	5	4	2	8
1	5	4	8	9	3	2	7	6
2	3	8	1	6	7	5	4	9
7	6	9	2	5	4	8	3	1

#8

9	3	2	6	8	1	7	4	5
8	7	1	4	5	2	6	9	3
5	4	6	7	9	3	8	2	1
2	5	8	3	6	4	9	1	7
6	9	7	8	1	5	2	3	4
3	1	4	2	7	9	5	6	8
1	8	3	5	2	6	4	7	9
4	6	5	9	3	7	1	8	2
7	2	9	1	4	8	3	5	6

#9

4	1	8	2	5	9	6	3	7
9	5	6	3	7	1	8	2	4
3	2	7	4	6	8	9	1	5
1	3	2	9	4	7	5	6	8
7	8	9	5	2	6	1	4	3
6	4	5	1	8	3	7	9	2
2	6	4	7	9	5	3	8	1
8	7	3	6	1	4	2	5	9
5	9	1	8	3	2	4	7	6

#10

6	2	7	1	9	3	8	5	4
4	1	9	6	8	5	2	7	3
3	8	5	2	4	7	6	1	9
5	6	3	9	1	2	7	4	8
8	7	1	4	5	6	3	9	2
9	4	2	3	7	8	1	6	5
7	3	6	5	2	9	4	8	1
1	5	8	7	3	4	9	2	6
2	9	4	8	6	1	5	3	7

#11

4	6	8	1	5	7	2	9	3
2	9	1	3	4	6	8	7	5
3	7	5	9	8	2	4	1	6
5	3	2	7	9	8	1	6	4
1	8	6	4	2	3	7	5	9
7	4	9	5	6	1	3	2	8
8	5	4	2	1	9	6	3	7
6	1	7	8	3	5	9	4	2
9	2	3	6	7	4	5	8	1

#12

8	3	4	6	1	9	7	2	5
9	5	6	3	7	2	4	8	1
7	2	1	8	4	5	6	3	9
2	6	7	1	8	3	5	9	4
1	9	8	2	5	4	3	7	6
5	4	3	7	9	6	8	1	2
6	1	2	4	3	7	9	5	8
3	8	9	5	6	1	2	4	7
4	7	5	9	2	8	1	6	3

#13

7	5	2	4	6	9	3	1	8
8	1	4	3	5	7	9	6	2
6	3	9	1	8	2	5	4	7
4	8	7	2	9	1	6	3	5
5	6	1	8	4	3	7	2	9
9	2	3	5	7	6	4	8	1
2	9	5	6	3	8	1	7	4
3	7	8	9	1	4	2	5	6
1	4	6	7	2	5	8	9	3

#14

9	6	7	8	3	1	4	2	5
2	8	5	4	6	9	1	7	3
3	1	4	2	5	7	6	9	8
5	3	6	7	2	8	9	4	1
7	4	2	9	1	3	8	5	6
1	9	8	5	4	6	2	3	7
4	7	1	6	9	5	3	8	2
8	2	3	1	7	4	5	6	9
6	5	9	3	8	2	7	1	4

#15

7	4	5	6	3	2	9	8	1
2	3	8	7	9	1	5	6	4
6	1	9	8	5	4	2	7	3
8	6	4	1	7	5	3	2	9
5	7	3	2	4	9	8	1	6
1	9	2	3	8	6	4	5	7
9	2	7	5	6	3	1	4	8
4	8	1	9	2	7	6	3	5
3	5	6	4	1	8	7	9	2

#16

3	6	5	9	7	4	1	8	2
4	2	9	8	3	1	5	7	6
7	8	1	6	2	5	4	3	9
2	4	7	3	6	8	9	1	5
1	9	3	2	5	7	6	4	8
8	5	6	4	1	9	7	2	3
9	3	4	1	8	6	2	5	7
5	1	8	7	9	2	3	6	4
6	7	2	5	4	3	8	9	1

#17

3	4	6	1	2	5	9	8	7
9	7	5	8	3	6	1	2	4
2	1	8	7	9	4	5	6	3
7	6	3	9	5	2	4	1	8
8	9	1	4	7	3	2	5	6
4	5	2	6	8	1	7	3	9
1	8	4	5	6	7	3	9	2
5	3	9	2	4	8	6	7	1
6	2	7	3	1	9	8	4	5

#18

4	6	7	8	5	1	9	2	3
3	5	2	9	6	7	4	8	1
9	1	8	3	2	4	6	5	7
7	3	1	2	8	6	5	9	4
8	4	5	1	9	3	7	6	2
6	2	9	4	7	5	3	1	8
2	7	3	5	1	9	8	4	6
1	9	4	6	3	8	2	7	5
5	8	6	7	4	2	1	3	9

#19

6	9	3	8	4	7	5	2	1
4	2	8	9	1	5	7	3	6
5	1	7	3	2	6	9	8	4
7	8	5	1	9	4	2	6	3
3	6	1	5	7	2	8	4	9
2	4	9	6	8	3	1	5	7
9	7	2	4	3	8	6	1	5
1	5	4	2	6	9	3	7	8
8	3	6	7	5	1	4	9	2

#20

8	4	1	5	9	6	2	7	3
6	9	3	2	7	1	5	8	4
2	5	7	4	3	8	1	9	6
7	1	5	8	6	9	4	3	2
9	2	4	7	5	3	8	6	1
3	8	6	1	2	4	9	5	7
5	6	9	3	1	2	7	4	8
4	7	2	6	8	5	3	1	9
1	3	8	9	4	7	6	2	5

#21

7	2	5	3	8	1	6	9	4
4	6	1	7	5	9	8	2	3
3	8	9	4	6	2	5	7	1
8	1	7	5	9	4	2	3	6
6	9	4	8	2	3	7	1	5
2	5	3	6	1	7	4	8	9
5	7	8	9	3	6	1	4	2
9	4	2	1	7	5	3	6	8
1	3	6	2	4	8	9	5	7

#22

8	7	5	1	3	2	6	4	9
9	6	3	4	5	7	8	2	1
4	2	1	8	9	6	7	3	5
5	1	8	2	4	3	9	7	6
2	4	6	7	8	9	1	5	3
3	9	7	5	6	1	4	8	2
1	5	9	3	7	4	2	6	8
6	3	4	9	2	8	5	1	7
7	8	2	6	1	5	3	9	4

#23

3	7	5	9	1	2	8	6	4
6	4	2	3	8	7	1	9	5
1	9	8	6	4	5	7	3	2
4	3	7	1	5	6	9	2	8
8	6	9	4	2	3	5	7	1
5	2	1	7	9	8	6	4	3
9	5	4	2	6	1	3	8	7
2	1	3	8	7	9	4	5	6
7	8	6	5	3	4	2	1	9

#24

2	6	1	8	3	9	4	5	7
9	8	7	4	6	5	3	1	2
5	4	3	1	2	7	9	6	8
3	2	8	6	4	1	7	9	5
4	7	6	5	9	8	2	3	1
1	5	9	2	7	3	8	4	6
8	9	5	7	1	4	6	2	3
6	1	4	3	8	2	5	7	9
7	3	2	9	5	6	1	8	4

#25

1	3	2	6	9	8	4	5	7
7	9	8	4	5	1	6	2	3
4	6	5	7	3	2	1	8	9
2	4	7	8	6	3	9	1	5
9	1	6	2	4	5	7	3	8
5	8	3	9	1	7	2	6	4
8	5	9	1	7	6	3	4	2
6	2	4	3	8	9	5	7	1
3	7	1	5	2	4	8	9	6

#26

9	2	4	5	8	7	3	6	1
1	8	5	3	4	6	9	7	2
3	6	7	9	1	2	5	4	8
7	9	8	4	5	1	6	2	3
6	4	1	2	3	8	7	9	5
5	3	2	7	6	9	8	1	4
4	5	6	1	7	3	2	8	9
8	1	9	6	2	5	4	3	7
2	7	3	8	9	4	1	5	6

#27

4	9	2	5	8	3	6	1	7
5	6	1	9	7	4	8	2	3
3	7	8	2	6	1	4	9	5
1	5	3	8	9	6	7	4	2
6	2	7	4	1	5	3	8	9
9	8	4	3	2	7	5	6	1
7	4	6	1	5	9	2	3	8
8	3	9	7	4	2	1	5	6
2	1	5	6	3	8	9	7	4

#28

9	1	2	5	3	7	6	4	8
3	7	6	8	4	2	5	9	1
5	4	8	6	9	1	2	7	3
6	9	5	1	7	3	4	8	2
1	2	7	4	8	9	3	6	5
4	8	3	2	5	6	7	1	9
7	6	9	3	1	5	8	2	4
2	5	4	9	6	8	1	3	7
8	3	1	7	2	4	9	5	6

#29

8	6	7	3	9	5	4	1	2
9	3	1	7	2	4	8	6	5
5	4	2	8	1	6	7	3	9
7	8	5	2	6	9	3	4	1
4	9	3	5	8	1	6	2	7
1	2	6	4	7	3	9	5	8
3	7	8	6	5	2	1	9	4
2	1	4	9	3	8	5	7	6
6	5	9	1	4	7	2	8	3

#30

2	8	5	3	4	1	9	6	7
9	4	3	7	5	6	8	2	1
7	1	6	9	2	8	3	5	4
6	7	8	5	1	9	4	3	2
5	2	4	8	7	3	1	9	6
3	9	1	2	6	4	5	7	8
8	6	2	1	3	5	7	4	9
1	5	7	4	9	2	6	8	3
4	3	9	6	8	7	2	1	5

#31

2	3	6	1	7	8	4	9	5
9	4	8	5	6	2	1	3	7
7	5	1	3	9	4	2	8	6
3	6	7	2	1	9	5	4	8
5	2	4	8	3	6	9	7	1
8	1	9	7	4	5	6	2	3
4	7	5	9	8	1	3	6	2
1	9	3	6	2	7	8	5	4
6	8	2	4	5	3	7	1	9

#32

1	8	3	2	6	4	5	7	9
5	2	9	3	7	1	4	8	6
4	6	7	9	5	8	1	3	2
2	4	5	7	9	6	8	1	3
8	7	6	1	4	3	9	2	5
3	9	1	5	8	2	6	4	7
7	1	8	6	3	9	2	5	4
9	3	2	4	1	5	7	6	8
6	5	4	8	2	7	3	9	1

#33

9	1	3	4	2	7	8	5	6
8	5	4	6	3	9	7	1	2
7	6	2	8	5	1	9	3	4
4	8	1	9	7	5	6	2	3
3	7	9	2	4	6	5	8	1
6	2	5	3	1	8	4	9	7
5	9	7	1	6	2	3	4	8
2	3	6	5	8	4	1	7	9
1	4	8	7	9	3	2	6	5

#34

1	9	5	4	6	8	2	3	7
2	6	7	3	9	5	4	8	1
8	3	4	1	2	7	5	9	6
9	2	6	8	5	3	7	1	4
3	4	1	6	7	2	9	5	8
5	7	8	9	1	4	3	6	2
4	1	3	7	8	9	6	2	5
6	5	9	2	4	1	8	7	3
7	8	2	5	3	6	1	4	9

#35

2	1	6	3	7	8	5	4	9
4	3	8	9	5	1	7	6	2
5	9	7	6	2	4	3	8	1
6	4	5	2	9	7	8	1	3
9	8	1	5	4	3	2	7	6
3	7	2	8	1	6	4	9	5
8	5	9	7	6	2	1	3	4
1	2	3	4	8	9	6	5	7
7	6	4	1	3	5	9	2	8

#36

7	5	1	6	3	8	4	2	9
2	9	3	4	1	7	8	5	6
4	8	6	2	5	9	3	1	7
5	7	2	1	8	3	9	6	4
3	4	8	5	9	6	1	7	2
6	1	9	7	2	4	5	3	8
9	3	5	8	7	2	6	4	1
1	2	4	9	6	5	7	8	3
8	6	7	3	4	1	2	9	5

#37

2	3	9	8	5	7	4	6	1
4	7	5	6	1	9	8	3	2
8	1	6	4	2	3	9	7	5
3	2	7	1	8	5	6	4	9
1	9	4	2	7	6	5	8	3
5	6	8	3	9	4	1	2	7
6	8	1	5	3	2	7	9	4
9	5	2	7	4	8	3	1	6
7	4	3	9	6	1	2	5	8

#38

4	6	3	5	7	1	8	2	9
9	7	8	6	3	2	4	1	5
2	5	1	9	4	8	6	7	3
3	9	4	8	1	5	7	6	2
5	1	2	7	6	3	9	8	4
6	8	7	2	9	4	3	5	1
7	4	6	1	5	9	2	3	8
8	3	5	4	2	6	1	9	7
1	2	9	3	8	7	5	4	6

#39

6	5	2	3	1	4	9	7	8
4	1	8	9	7	2	5	6	3
9	3	7	8	5	6	4	2	1
2	6	5	1	4	9	8	3	7
3	7	9	2	6	8	1	4	5
1	8	4	5	3	7	6	9	2
5	2	1	4	9	3	7	8	6
8	9	6	7	2	1	3	5	4
7	4	3	6	8	5	2	1	9

#40

5	2	3	9	8	7	6	4	1
9	1	7	4	3	6	5	2	8
4	8	6	2	1	5	3	9	7
7	5	9	1	2	8	4	6	3
6	4	1	5	9	3	7	8	2
8	3	2	6	7	4	9	1	5
1	7	8	3	4	9	2	5	6
3	6	4	8	5	2	1	7	9
2	9	5	7	6	1	8	3	4

#41

1	9	6	3	8	4	7	2	5
8	3	5	2	7	6	9	4	1
2	4	7	5	9	1	3	6	8
3	2	8	7	1	9	4	5	6
7	6	1	4	2	5	8	3	9
9	5	4	6	3	8	2	1	7
5	8	9	1	4	3	6	7	2
6	7	3	9	5	2	1	8	4
4	1	2	8	6	7	5	9	3

#42

8	9	4	1	7	3	5	6	2
5	1	3	4	6	2	9	8	7
6	7	2	5	8	9	3	4	1
4	6	9	7	5	1	8	2	3
7	8	5	3	2	6	1	9	4
3	2	1	8	9	4	6	7	5
2	3	6	9	4	5	7	1	8
1	4	7	6	3	8	2	5	9
9	5	8	2	1	7	4	3	6

#43

8	9	3	2	4	6	5	1	7
2	6	1	9	5	7	8	3	4
7	4	5	3	1	8	9	2	6
9	3	2	5	7	1	6	4	8
1	8	7	6	2	4	3	5	9
6	5	4	8	3	9	1	7	2
5	2	9	7	6	3	4	8	1
3	1	8	4	9	2	7	6	5
4	7	6	1	8	5	2	9	3

#44

6	3	8	7	4	5	2	1	9
4	5	1	6	9	2	8	7	3
7	9	2	3	1	8	4	5	6
1	7	3	8	5	4	6	9	2
9	4	6	1	2	7	3	8	5
8	2	5	9	6	3	7	4	1
2	1	7	5	8	6	9	3	4
5	8	4	2	3	9	1	6	7
3	6	9	4	7	1	5	2	8

#45

3	2	1	9	4	8	6	7	5
6	5	8	7	1	2	9	4	3
7	9	4	5	6	3	1	8	2
9	3	5	2	7	6	4	1	8
8	7	2	1	3	4	5	9	6
1	4	6	8	9	5	2	3	7
2	6	9	4	8	7	3	5	1
5	1	7	3	2	9	8	6	4
4	8	3	6	5	1	7	2	9

#46

1	9	8	4	5	6	3	2	7
3	7	4	1	9	2	6	8	5
6	5	2	7	3	8	9	1	4
5	8	3	6	7	1	2	4	9
9	4	1	2	8	5	7	3	6
7	2	6	3	4	9	1	5	8
8	6	5	9	2	3	4	7	1
2	1	7	5	6	4	8	9	3
4	3	9	8	1	7	5	6	2

#47

4	2	6	8	5	3	9	7	1
1	9	3	7	2	4	8	5	6
5	8	7	9	1	6	4	3	2
9	6	1	5	8	7	3	2	4
8	4	5	6	3	2	7	1	9
3	7	2	4	9	1	5	6	8
2	1	8	3	4	5	6	9	7
6	5	9	2	7	8	1	4	3
7	3	4	1	6	9	2	8	5

#48

4	1	6	7	9	5	2	3	8
2	7	5	6	3	8	4	1	9
8	9	3	4	1	2	6	5	7
9	4	7	3	6	1	5	8	2
1	5	8	2	7	4	9	6	3
6	3	2	8	5	9	1	7	4
3	6	9	5	4	7	8	2	1
7	2	1	9	8	6	3	4	5
5	8	4	1	2	3	7	9	6

#49

7	9	4	6	2	8	3	1	5
6	2	1	3	7	5	9	4	8
5	8	3	1	9	4	7	2	6
1	5	9	4	6	3	2	8	7
2	4	6	5	8	7	1	3	9
8	3	7	2	1	9	6	5	4
9	1	5	7	4	2	8	6	3
4	6	8	9	3	1	5	7	2
3	7	2	8	5	6	4	9	1

#50

5	9	7	2	6	8	1	4	3
8	6	4	1	9	3	5	2	7
2	1	3	5	4	7	9	8	6
4	7	8	6	3	5	2	1	9
6	5	1	7	2	9	8	3	4
3	2	9	8	1	4	7	6	5
7	4	2	9	8	6	3	5	1
1	3	5	4	7	2	6	9	8
9	8	6	3	5	1	4	7	2

#51

9	7	4	2	1	5	6	8	3
6	2	8	3	9	4	7	5	1
3	5	1	8	6	7	2	9	4
8	6	2	9	5	3	4	1	7
7	3	9	1	4	8	5	2	6
1	4	5	6	7	2	9	3	8
5	8	6	7	2	1	3	4	9
2	9	3	4	8	6	1	7	5
4	1	7	5	3	9	8	6	2

#52

4	2	9	1	7	6	8	5	3
8	6	3	5	2	4	9	7	1
7	5	1	3	8	9	4	6	2
3	8	4	2	6	1	7	9	5
2	1	6	7	9	5	3	4	8
5	9	7	8	4	3	2	1	6
6	7	8	4	1	2	5	3	9
9	3	2	6	5	7	1	8	4
1	4	5	9	3	8	6	2	7

#53

6	1	5	9	8	3	2	4	7
4	9	8	2	6	7	1	3	5
2	7	3	5	4	1	8	6	9
1	4	7	8	2	5	6	9	3
3	2	6	4	7	9	5	8	1
8	5	9	3	1	6	4	7	2
7	3	1	6	5	8	9	2	4
5	8	2	7	9	4	3	1	6
9	6	4	1	3	2	7	5	8

#54

6	3	1	4	2	5	8	9	7
8	7	9	3	1	6	5	2	4
5	2	4	9	8	7	1	6	3
7	9	3	1	6	4	2	5	8
4	6	2	7	5	8	3	1	9
1	5	8	2	9	3	4	7	6
3	1	5	6	4	9	7	8	2
2	4	6	8	7	1	9	3	5
9	8	7	5	3	2	6	4	1

#55

1	5	7	4	2	6	8	3	9
6	9	2	8	1	3	5	4	7
4	3	8	9	5	7	2	1	6
5	1	6	7	8	9	3	2	4
2	4	9	5	3	1	6	7	8
7	8	3	6	4	2	9	5	1
3	7	1	2	9	8	4	6	5
9	6	5	3	7	4	1	8	2
8	2	4	1	6	5	7	9	3

#56

2	5	4	6	3	9	1	7	8
8	3	7	5	2	1	9	4	6
9	6	1	4	8	7	3	5	2
1	7	3	8	4	6	5	2	9
6	9	8	2	1	5	7	3	4
4	2	5	7	9	3	6	8	1
7	1	2	3	6	8	4	9	5
5	8	9	1	7	4	2	6	3
3	4	6	9	5	2	8	1	7

#57

3	6	7	9	4	8	5	2	1
1	9	4	2	6	5	8	7	3
2	5	8	1	3	7	6	4	9
6	3	5	7	1	4	2	9	8
4	1	2	6	8	9	3	5	7
7	8	9	3	5	2	4	1	6
8	2	1	5	7	3	9	6	4
9	4	6	8	2	1	7	3	5
5	7	3	4	9	6	1	8	2

#58

3	4	7	1	2	5	8	9	6
6	5	2	8	9	3	7	1	4
8	9	1	6	4	7	5	2	3
1	8	4	5	3	6	2	7	9
9	7	6	2	8	4	1	3	5
5	2	3	9	7	1	6	4	8
7	1	8	4	5	9	3	6	2
2	6	9	3	1	8	4	5	7
4	3	5	7	6	2	9	8	1

#59

7	1	2	5	6	9	8	4	3
8	3	6	2	1	4	9	5	7
4	9	5	8	7	3	2	1	6
2	7	8	1	4	6	3	9	5
9	4	1	7	3	5	6	8	2
6	5	3	9	8	2	1	7	4
3	2	9	4	5	1	7	6	8
1	8	4	6	2	7	5	3	9
5	6	7	3	9	8	4	2	1

#60

9	7	2	1	5	6	4	8	3
8	6	5	7	4	3	1	9	2
4	3	1	9	8	2	6	5	7
3	8	7	5	1	4	2	6	9
1	4	9	2	6	7	8	3	5
5	2	6	3	9	8	7	4	1
7	9	4	8	2	5	3	1	6
6	5	3	4	7	1	9	2	8
2	1	8	6	3	9	5	7	4

#61

7	5	1	6	3	8	4	9	2
3	6	9	4	2	5	7	1	8
2	8	4	7	1	9	6	5	3
6	1	5	9	8	4	2	3	7
9	2	7	5	6	3	1	8	4
4	3	8	1	7	2	5	6	9
8	7	6	3	4	1	9	2	5
5	4	3	2	9	6	8	7	1
1	9	2	8	5	7	3	4	6

#62

9	6	1	8	2	4	3	7	5
5	3	2	9	1	7	6	8	4
7	4	8	3	5	6	9	2	1
2	9	4	6	8	3	5	1	7
8	7	3	1	9	5	2	4	6
6	1	5	7	4	2	8	9	3
1	2	6	5	7	9	4	3	8
3	8	9	4	6	1	7	5	2
4	5	7	2	3	8	1	6	9

#63

5	4	6	9	3	7	2	1	8
9	7	1	2	8	5	4	3	6
8	2	3	6	4	1	5	7	9
6	9	4	3	1	2	7	8	5
1	8	7	4	5	6	9	2	3
3	5	2	8	7	9	1	6	4
4	6	5	7	2	3	8	9	1
2	1	9	5	6	8	3	4	7
7	3	8	1	9	4	6	5	2

#64

2	5	1	9	7	3	6	4	8
7	6	3	8	5	4	9	2	1
4	8	9	2	6	1	3	7	5
9	4	5	6	2	8	7	1	3
1	2	7	3	4	9	5	8	6
8	3	6	5	1	7	4	9	2
5	9	2	7	8	6	1	3	4
3	1	8	4	9	5	2	6	7
6	7	4	1	3	2	8	5	9

#65

6	2	9	3	1	4	8	5	7
4	7	8	5	6	2	9	3	1
1	3	5	9	7	8	4	6	2
9	1	7	4	3	6	5	2	8
8	5	3	1	2	9	7	4	6
2	6	4	7	8	5	3	1	9
5	8	1	6	9	3	2	7	4
3	9	6	2	4	7	1	8	5
7	4	2	8	5	1	6	9	3

#66

8	3	1	5	9	6	2	7	4
5	4	6	7	2	8	9	1	3
2	7	9	4	3	1	6	8	5
6	1	7	2	4	9	5	3	8
3	9	8	6	1	5	7	4	2
4	2	5	8	7	3	1	9	6
7	5	3	1	8	2	4	6	9
1	8	2	9	6	4	3	5	7
9	6	4	3	5	7	8	2	1

#67

2	1	6	5	8	7	3	4	9
7	5	9	4	2	3	6	1	8
8	3	4	1	6	9	5	7	2
3	7	2	6	9	5	1	8	4
4	6	8	3	1	2	9	5	7
1	9	5	8	7	4	2	3	6
5	2	3	9	4	8	7	6	1
6	8	7	2	5	1	4	9	3
9	4	1	7	3	6	8	2	5

#68

4	2	3	6	9	7	1	5	8
1	9	7	8	5	4	3	2	6
6	5	8	3	2	1	9	7	4
3	4	9	5	8	6	7	1	2
5	7	2	1	4	3	6	8	9
8	6	1	2	7	9	5	4	3
9	1	4	7	3	8	2	6	5
2	3	6	4	1	5	8	9	7
7	8	5	9	6	2	4	3	1

#69

6	9	1	2	4	5	3	7	8
7	4	2	8	6	3	1	5	9
3	5	8	9	1	7	6	2	4
5	6	3	7	9	4	2	8	1
4	1	7	5	2	8	9	3	6
8	2	9	1	3	6	5	4	7
1	8	5	3	7	9	4	6	2
9	3	6	4	8	2	7	1	5
2	7	4	6	5	1	8	9	3

#70

2	7	4	8	1	9	5	3	6
1	3	5	7	6	2	8	4	9
9	8	6	3	5	4	7	1	2
5	4	7	1	2	3	9	6	8
8	9	3	6	7	5	4	2	1
6	1	2	4	9	8	3	5	7
4	2	9	5	8	1	6	7	3
3	6	1	9	4	7	2	8	5
7	5	8	2	3	6	1	9	4

#71

5	3	9	6	1	8	2	7	4
6	8	7	3	4	2	1	5	9
1	4	2	5	9	7	6	8	3
3	5	8	4	7	6	9	1	2
4	9	1	2	3	5	8	6	7
2	7	6	9	8	1	4	3	5
8	2	4	7	6	3	5	9	1
7	6	5	1	2	9	3	4	8
9	1	3	8	5	4	7	2	6

#72

4	5	8	2	9	3	7	6	1
9	3	1	6	7	4	5	8	2
7	6	2	1	8	5	4	9	3
2	8	9	7	4	1	3	5	6
1	7	5	3	6	9	2	4	8
3	4	6	8	5	2	1	7	9
6	1	4	5	3	8	9	2	7
5	2	7	9	1	6	8	3	4
8	9	3	4	2	7	6	1	5

#73

5	3	6	1	4	2	9	7	8
8	7	1	3	6	9	4	5	2
2	4	9	5	7	8	3	1	6
1	8	4	7	3	5	2	6	9
9	5	2	6	8	1	7	4	3
7	6	3	2	9	4	1	8	5
4	2	8	9	1	6	5	3	7
3	1	5	8	2	7	6	9	4
6	9	7	4	5	3	8	2	1

#74

4	6	8	3	9	1	2	5	7
7	3	5	2	8	6	1	4	9
9	1	2	7	5	4	8	6	3
1	8	9	6	3	2	5	7	4
6	5	4	9	1	7	3	8	2
3	2	7	8	4	5	6	9	1
8	9	6	4	2	3	7	1	5
2	7	1	5	6	9	4	3	8
5	4	3	1	7	8	9	2	6

#75

1	8	7	2	3	9	4	5	6
3	6	9	5	4	8	1	7	2
2	5	4	1	7	6	8	9	3
5	3	6	4	2	1	7	8	9
8	4	1	6	9	7	3	2	5
9	7	2	3	8	5	6	1	4
7	9	3	8	6	2	5	4	1
6	1	8	9	5	4	2	3	7
4	2	5	7	1	3	9	6	8

#76

2	1	7	6	4	3	5	9	8
8	4	5	2	7	9	6	1	3
3	9	6	8	1	5	7	4	2
9	5	4	7	3	8	2	6	1
7	6	3	5	2	1	9	8	4
1	2	8	4	9	6	3	5	7
4	3	1	9	6	7	8	2	5
5	7	9	1	8	2	4	3	6
6	8	2	3	5	4	1	7	9

#77

8	5	1	2	7	4	6	3	9
4	6	2	3	5	9	7	1	8
3	9	7	8	1	6	5	2	4
6	3	5	7	4	2	8	9	1
7	4	9	1	8	5	3	6	2
2	1	8	6	9	3	4	5	7
9	2	4	5	6	7	1	8	3
1	7	6	9	3	8	2	4	5
5	8	3	4	2	1	9	7	6

#78

5	8	3	1	6	7	4	2	9
1	6	2	9	4	3	5	8	7
4	9	7	5	2	8	3	6	1
7	5	6	2	1	9	8	3	4
8	2	1	4	3	6	9	7	5
3	4	9	7	8	5	6	1	2
2	1	8	3	5	4	7	9	6
9	3	5	6	7	1	2	4	8
6	7	4	8	9	2	1	5	3

#79

8	7	4	3	9	2	1	5	6
2	6	9	5	7	1	3	4	8
1	5	3	6	8	4	7	2	9
6	1	7	8	2	3	4	9	5
5	3	8	1	4	9	6	7	2
9	4	2	7	5	6	8	1	3
7	2	6	4	3	5	9	8	1
3	8	5	9	1	7	2	6	4
4	9	1	2	6	8	5	3	7

#80

5	6	4	2	9	8	1	7	3
9	1	3	7	4	5	8	2	6
2	8	7	1	6	3	5	9	4
8	2	1	6	7	4	3	5	9
3	9	6	5	1	2	7	4	8
7	4	5	3	8	9	2	6	1
4	3	2	8	5	6	9	1	7
1	5	9	4	3	7	6	8	2
6	7	8	9	2	1	4	3	5

#81

1	7	3	6	8	2	5	9	4
2	4	8	9	3	5	6	1	7
6	9	5	1	4	7	3	8	2
3	2	9	8	1	6	7	4	5
7	1	4	3	5	9	8	2	6
8	5	6	7	2	4	9	3	1
4	8	7	2	6	3	1	5	9
9	3	2	5	7	1	4	6	8
5	6	1	4	9	8	2	7	3

#82

6	8	7	5	4	1	9	2	3
1	4	9	2	3	7	8	6	5
3	5	2	9	8	6	7	4	1
9	7	3	1	5	2	4	8	6
4	6	1	3	9	8	5	7	2
8	2	5	6	7	4	1	3	9
5	9	8	4	2	3	6	1	7
7	3	6	8	1	5	2	9	4
2	1	4	7	6	9	3	5	8

#83

2	9	8	3	6	7	5	1	4
1	7	3	8	5	4	6	2	9
4	5	6	2	9	1	8	7	3
6	3	4	1	8	2	9	5	7
5	8	2	9	7	6	3	4	1
9	1	7	4	3	5	2	8	6
8	4	9	7	2	3	1	6	5
7	2	5	6	1	9	4	3	8
3	6	1	5	4	8	7	9	2

#84

7	3	1	6	5	2	9	4	8
4	6	5	7	9	8	2	3	1
2	9	8	1	4	3	5	7	6
6	7	9	4	8	1	3	5	2
8	5	4	2	3	6	7	1	9
3	1	2	9	7	5	6	8	4
5	8	6	3	2	4	1	9	7
1	4	7	5	6	9	8	2	3
9	2	3	8	1	7	4	6	5

#85

6	4	2	5	7	9	1	8	3
7	9	8	6	1	3	4	2	5
3	1	5	4	2	8	6	9	7
8	3	9	1	6	7	2	5	4
2	7	6	8	4	5	9	3	1
1	5	4	3	9	2	8	7	6
4	8	3	2	5	1	7	6	9
9	2	1	7	3	6	5	4	8
5	6	7	9	8	4	3	1	2

#86

4	8	5	2	9	6	7	1	3
1	3	6	4	7	5	8	9	2
2	9	7	3	1	8	4	5	6
7	5	4	1	6	9	3	2	8
6	2	9	8	3	4	5	7	1
3	1	8	7	5	2	9	6	4
5	4	2	9	8	1	6	3	7
9	7	1	6	4	3	2	8	5
8	6	3	5	2	7	1	4	9

#87

9	8	2	7	6	3	5	1	4
5	4	3	9	2	1	6	8	7
1	7	6	8	4	5	2	9	3
8	9	1	5	3	4	7	6	2
7	3	4	2	8	6	9	5	1
6	2	5	1	7	9	4	3	8
4	5	8	3	9	7	1	2	6
3	6	9	4	1	2	8	7	5
2	1	7	6	5	8	3	4	9

#88

7	9	2	8	5	4	1	3	6
6	8	5	1	3	7	2	4	9
1	4	3	9	6	2	5	7	8
2	6	9	7	1	5	3	8	4
3	1	8	6	4	9	7	5	2
4	5	7	2	8	3	9	6	1
9	7	6	3	2	8	4	1	5
5	2	1	4	7	6	8	9	3
8	3	4	5	9	1	6	2	7

#89

6	3	8	4	7	5	9	2	1
7	9	5	1	2	6	8	3	4
4	2	1	9	8	3	6	7	5
5	6	9	2	1	4	3	8	7
3	1	7	5	9	8	4	6	2
2	8	4	6	3	7	1	5	9
9	7	2	3	6	1	5	4	8
8	4	6	7	5	9	2	1	3
1	5	3	8	4	2	7	9	6

#90

7	4	1	2	6	3	8	9	5
6	5	2	1	8	9	3	7	4
8	3	9	4	7	5	6	2	1
5	6	3	8	4	7	2	1	9
2	9	8	3	5	1	4	6	7
4	1	7	9	2	6	5	8	3
1	2	4	7	3	8	9	5	6
3	7	5	6	9	2	1	4	8
9	8	6	5	1	4	7	3	2

#91

8	6	9	2	5	3	7	4	1
4	1	5	6	8	7	9	2	3
3	2	7	1	4	9	6	5	8
2	4	8	3	1	6	5	9	7
6	9	1	5	7	4	3	8	2
7	5	3	8	9	2	4	1	6
9	8	6	7	2	5	1	3	4
1	3	4	9	6	8	2	7	5
5	7	2	4	3	1	8	6	9

#92

8	6	2	7	5	1	3	4	9
9	3	1	4	6	8	5	2	7
7	4	5	3	9	2	8	6	1
4	9	3	5	7	6	1	8	2
2	8	6	1	4	9	7	5	3
5	1	7	2	8	3	4	9	6
6	7	4	9	1	5	2	3	8
1	2	9	8	3	4	6	7	5
3	5	8	6	2	7	9	1	4

#93

4	9	5	6	3	2	7	1	8
1	6	7	5	9	8	2	4	3
2	3	8	4	1	7	6	5	9
9	2	6	3	8	1	5	7	4
7	8	1	9	4	5	3	6	2
5	4	3	2	7	6	9	8	1
8	1	9	7	5	3	4	2	6
3	5	2	1	6	4	8	9	7
6	7	4	8	2	9	1	3	5

#94

4	3	8	2	1	7	9	6	5
1	5	7	6	9	4	8	3	2
2	9	6	8	3	5	1	7	4
9	1	3	4	6	2	7	5	8
8	6	5	9	7	3	2	4	1
7	2	4	5	8	1	3	9	6
6	7	9	1	4	8	5	2	3
3	8	2	7	5	6	4	1	9
5	4	1	3	2	9	6	8	7

#95

3	8	7	1	4	2	6	5	9
1	4	5	7	9	6	2	8	3
2	9	6	5	3	8	7	1	4
9	6	3	8	1	7	4	2	5
4	5	8	3	2	9	1	7	6
7	2	1	4	6	5	3	9	8
8	3	9	2	7	4	5	6	1
5	1	2	6	8	3	9	4	7
6	7	4	9	5	1	8	3	2

#96

5	3	7	6	9	2	1	4	8
9	8	4	1	5	7	2	6	3
2	6	1	4	3	8	9	7	5
6	2	3	5	8	4	7	9	1
8	1	9	7	2	3	4	5	6
4	7	5	9	6	1	3	8	2
3	4	8	2	7	5	6	1	9
1	9	2	8	4	6	5	3	7
7	5	6	3	1	9	8	2	4

#97

9	1	4	2	8	5	6	3	7
3	2	7	1	6	9	5	8	4
8	5	6	7	3	4	2	1	9
7	8	1	6	4	2	9	5	3
6	9	5	3	7	1	8	4	2
2	4	3	9	5	8	1	7	6
4	3	2	5	1	6	7	9	8
1	6	8	4	9	7	3	2	5
5	7	9	8	2	3	4	6	1

#98

8	5	2	9	1	6	7	4	3
1	4	7	3	5	8	9	2	6
6	3	9	4	2	7	1	8	5
9	1	8	6	4	5	2	3	7
5	7	4	1	3	2	6	9	8
3	2	6	8	7	9	5	1	4
4	9	3	7	6	1	8	5	2
2	6	1	5	8	4	3	7	9
7	8	5	2	9	3	4	6	1

#99

6	7	8	5	9	3	2	1	4
1	2	9	8	7	4	6	3	5
4	3	5	6	2	1	9	7	8
9	8	4	7	6	5	1	2	3
2	1	6	4	3	8	5	9	7
3	5	7	2	1	9	4	8	6
8	6	1	3	5	2	7	4	9
7	4	2	9	8	6	3	5	1
5	9	3	1	4	7	8	6	2

#100

7	4	2	1	6	9	8	3	5
9	5	8	2	4	3	1	6	7
1	3	6	5	7	8	2	9	4
3	7	1	9	2	6	4	5	8
6	9	5	8	1	4	3	7	2
8	2	4	3	5	7	6	1	9
2	6	3	4	9	5	7	8	1
5	1	7	6	8	2	9	4	3
4	8	9	7	3	1	5	2	6

#101

3	7	5	9	8	4	1	6	2
9	2	8	6	1	7	5	4	3
4	1	6	2	3	5	9	8	7
5	9	4	7	6	3	8	2	1
2	8	3	5	9	1	6	7	4
1	6	7	8	4	2	3	5	9
6	3	2	4	5	9	7	1	8
8	4	9	1	7	6	2	3	5
7	5	1	3	2	8	4	9	6

#102

1	8	6	4	3	2	7	5	9
5	7	2	9	6	8	1	3	4
3	4	9	1	7	5	6	2	8
7	3	5	8	1	9	4	6	2
6	2	8	5	4	7	9	1	3
9	1	4	3	2	6	8	7	5
2	5	1	6	8	4	3	9	7
8	9	3	7	5	1	2	4	6
4	6	7	2	9	3	5	8	1

#103

2	1	8	4	3	9	5	7	6
6	9	7	2	8	5	1	3	4
4	5	3	1	6	7	8	2	9
7	4	5	9	2	8	3	6	1
3	2	1	7	4	6	9	5	8
9	8	6	5	1	3	7	4	2
8	3	9	6	7	4	2	1	5
5	6	2	3	9	1	4	8	7
1	7	4	8	5	2	6	9	3

#104

5	9	6	8	3	1	7	4	2
4	3	8	2	7	5	9	1	6
2	7	1	6	9	4	8	5	3
7	2	5	4	6	9	1	3	8
9	8	3	7	1	2	5	6	4
1	6	4	3	5	8	2	7	9
6	5	7	9	2	3	4	8	1
3	4	9	1	8	7	6	2	5
8	1	2	5	4	6	3	9	7

#105

1	5	7	3	6	9	4	8	2
6	4	2	5	7	8	3	1	9
8	3	9	1	2	4	7	6	5
5	7	1	8	9	6	2	4	3
4	9	6	7	3	2	1	5	8
3	2	8	4	5	1	6	9	7
7	8	4	2	1	5	9	3	6
2	6	5	9	4	3	8	7	1
9	1	3	6	8	7	5	2	4

#106

2	8	7	5	6	9	1	4	3
9	6	3	4	7	1	5	2	8
4	5	1	3	8	2	7	6	9
5	2	4	1	3	7	8	9	6
7	3	8	2	9	6	4	5	1
6	1	9	8	4	5	3	7	2
3	7	6	9	1	4	2	8	5
8	4	2	6	5	3	9	1	7
1	9	5	7	2	8	6	3	4

#107

2	7	1	9	4	5	3	8	6
3	6	9	7	8	2	1	5	4
4	5	8	6	1	3	2	9	7
7	8	3	4	5	1	9	6	2
9	4	5	8	2	6	7	3	1
1	2	6	3	9	7	5	4	8
6	9	7	2	3	4	8	1	5
5	3	2	1	6	8	4	7	9
8	1	4	5	7	9	6	2	3

#108

9	1	7	6	3	5	8	2	4
2	4	5	8	1	9	7	3	6
8	3	6	7	2	4	1	9	5
4	9	1	2	8	7	6	5	3
6	5	8	3	4	1	9	7	2
3	7	2	5	9	6	4	8	1
7	2	3	1	6	8	5	4	9
5	6	4	9	7	2	3	1	8
1	8	9	4	5	3	2	6	7

#109

4	7	2	1	3	9	6	8	5
6	8	3	2	4	5	7	9	1
1	9	5	8	7	6	2	3	4
5	3	6	7	2	1	9	4	8
7	1	4	5	9	8	3	6	2
9	2	8	3	6	4	5	1	7
2	6	7	4	8	3	1	5	9
3	4	1	9	5	2	8	7	6
8	5	9	6	1	7	4	2	3

#110

7	8	5	3	9	1	4	2	6
2	3	4	6	8	5	1	9	7
9	1	6	2	4	7	8	3	5
8	9	1	4	3	6	7	5	2
4	5	2	9	7	8	6	1	3
3	6	7	5	1	2	9	4	8
6	4	9	7	2	3	5	8	1
1	7	3	8	5	9	2	6	4
5	2	8	1	6	4	3	7	9

#111

7	4	2	5	3	6	1	9	8
1	3	9	4	8	7	6	5	2
6	8	5	9	2	1	7	4	3
2	1	7	3	5	8	9	6	4
3	9	6	1	7	4	8	2	5
8	5	4	2	6	9	3	1	7
9	6	8	7	4	5	2	3	1
4	2	1	8	9	3	5	7	6
5	7	3	6	1	2	4	8	9

#112

7	6	4	3	9	5	8	1	2
5	1	3	8	6	2	9	4	7
8	2	9	1	7	4	5	3	6
6	5	1	2	8	9	4	7	3
4	3	8	5	1	7	6	2	9
2	9	7	4	3	6	1	5	8
3	4	5	9	2	8	7	6	1
9	7	2	6	5	1	3	8	4
1	8	6	7	4	3	2	9	5

#113

5	3	1	4	8	6	9	7	2
4	6	7	9	3	2	1	8	5
8	9	2	1	7	5	3	4	6
1	8	4	2	9	7	6	5	3
6	5	9	8	4	3	2	1	7
7	2	3	5	6	1	4	9	8
2	1	8	3	5	9	7	6	4
9	4	6	7	2	8	5	3	1
3	7	5	6	1	4	8	2	9

#114

4	3	9	7	8	1	5	6	2
2	6	1	9	5	4	7	8	3
7	5	8	2	6	3	1	9	4
8	4	7	3	2	5	6	1	9
5	1	2	6	9	8	4	3	7
6	9	3	4	1	7	8	2	5
1	7	5	8	3	9	2	4	6
9	8	6	5	4	2	3	7	1
3	2	4	1	7	6	9	5	8

#115

4	5	6	7	3	8	1	9	2
1	9	3	2	5	4	6	8	7
8	7	2	6	9	1	3	4	5
9	1	4	8	7	5	2	3	6
6	2	8	3	1	9	5	7	4
5	3	7	4	6	2	9	1	8
2	4	5	9	8	3	7	6	1
7	8	9	1	2	6	4	5	3
3	6	1	5	4	7	8	2	9

#116

4	5	8	2	9	3	7	6	1
1	7	6	8	4	5	9	2	3
9	2	3	6	7	1	8	4	5
8	9	7	5	3	2	6	1	4
3	4	5	1	6	7	2	8	9
2	6	1	9	8	4	3	5	7
6	3	2	4	5	9	1	7	8
5	1	9	7	2	8	4	3	6
7	8	4	3	1	6	5	9	2

#117

9	8	6	1	2	4	3	7	5
2	7	4	3	5	8	9	1	6
1	5	3	7	9	6	4	8	2
5	3	1	8	7	9	6	2	4
7	4	9	2	6	5	1	3	8
8	6	2	4	1	3	7	5	9
4	2	5	6	3	7	8	9	1
3	9	8	5	4	1	2	6	7
6	1	7	9	8	2	5	4	3

#118

7	5	6	8	4	3	2	1	9
9	3	1	6	2	5	7	8	4
4	8	2	1	9	7	3	5	6
1	2	4	5	8	6	9	7	3
8	9	3	4	7	2	1	6	5
5	6	7	3	1	9	8	4	2
3	7	5	2	6	1	4	9	8
6	1	8	9	3	4	5	2	7
2	4	9	7	5	8	6	3	1

#119

5	3	9	2	1	6	4	7	8
6	4	2	8	9	7	5	3	1
7	1	8	4	5	3	2	9	6
8	7	4	9	2	5	1	6	3
1	2	5	6	3	8	9	4	7
3	9	6	7	4	1	8	2	5
2	6	3	5	8	4	7	1	9
9	5	1	3	7	2	6	8	4
4	8	7	1	6	9	3	5	2

#120

3	8	9	6	5	7	4	1	2
1	7	2	3	4	9	6	5	8
6	4	5	8	2	1	9	3	7
7	5	6	1	8	4	2	9	3
2	1	4	9	3	5	8	7	6
8	9	3	2	7	6	5	4	1
5	2	7	4	1	8	3	6	9
4	6	8	7	9	3	1	2	5
9	3	1	5	6	2	7	8	4

#121

8	7	6	9	3	2	5	4	1
4	5	2	7	6	1	3	9	8
1	3	9	5	4	8	6	7	2
7	2	1	4	5	9	8	3	6
3	4	5	1	8	6	9	2	7
6	9	8	3	2	7	1	5	4
2	1	3	8	7	5	4	6	9
9	6	4	2	1	3	7	8	5
5	8	7	6	9	4	2	1	3

#122

3	6	2	8	4	9	7	1	5
9	8	4	1	5	7	2	6	3
5	1	7	6	3	2	8	9	4
7	4	1	3	9	5	6	2	8
8	3	9	2	1	6	5	4	7
2	5	6	4	7	8	9	3	1
6	7	3	9	8	1	4	5	2
1	2	5	7	6	4	3	8	9
4	9	8	5	2	3	1	7	6

#123

6	3	1	9	2	7	5	8	4
4	7	9	1	8	5	6	3	2
8	5	2	3	4	6	1	7	9
2	4	6	7	1	8	9	5	3
3	1	8	2	5	9	4	6	7
5	9	7	6	3	4	2	1	8
9	2	5	8	7	1	3	4	6
1	8	3	4	6	2	7	9	5
7	6	4	5	9	3	8	2	1

#124

2	9	8	6	7	5	4	1	3
7	3	6	9	4	1	2	8	5
5	1	4	8	2	3	6	7	9
4	7	5	2	6	9	1	3	8
3	8	2	1	5	4	7	9	6
1	6	9	7	3	8	5	2	4
9	2	7	5	8	6	3	4	1
8	5	3	4	1	2	9	6	7
6	4	1	3	9	7	8	5	2

#125

7	2	9	4	8	1	5	6	3
6	5	1	3	7	2	8	9	4
8	3	4	9	6	5	2	1	7
1	8	6	5	3	7	4	2	9
5	9	3	2	4	6	1	7	8
2	4	7	8	1	9	6	3	5
3	1	8	7	2	4	9	5	6
9	7	2	6	5	8	3	4	1
4	6	5	1	9	3	7	8	2

#126

3	2	6	5	1	4	9	8	7
8	1	4	7	6	9	5	2	3
9	5	7	8	2	3	6	4	1
6	9	5	2	8	1	7	3	4
2	4	1	9	3	7	8	5	6
7	8	3	6	4	5	1	9	2
1	3	9	4	5	6	2	7	8
4	7	2	1	9	8	3	6	5
5	6	8	3	7	2	4	1	9

#127

5	3	4	9	6	2	8	1	7
6	9	8	4	7	1	3	2	5
7	2	1	8	5	3	4	6	9
3	7	5	2	9	8	1	4	6
4	6	9	3	1	5	2	7	8
1	8	2	7	4	6	9	5	3
9	1	7	5	3	4	6	8	2
2	4	3	6	8	7	5	9	1
8	5	6	1	2	9	7	3	4

#128

5	8	1	2	7	3	6	9	4
2	4	3	9	6	1	5	8	7
6	9	7	4	5	8	3	2	1
4	1	6	5	3	9	8	7	2
7	5	2	1	8	6	9	4	3
8	3	9	7	4	2	1	6	5
9	6	4	3	2	5	7	1	8
3	7	8	6	1	4	2	5	9
1	2	5	8	9	7	4	3	6

#129

1	3	2	7	4	8	5	9	6
6	8	5	9	2	1	7	3	4
4	7	9	5	6	3	1	8	2
9	4	6	1	8	5	2	7	3
5	1	7	6	3	2	8	4	9
3	2	8	4	9	7	6	1	5
7	6	3	8	5	4	9	2	1
2	5	1	3	7	9	4	6	8
8	9	4	2	1	6	3	5	7

#130

3	1	6	5	8	9	7	2	4
9	7	5	3	2	4	6	8	1
4	8	2	6	1	7	3	9	5
6	9	1	7	5	2	8	4	3
8	5	3	4	6	1	2	7	9
7	2	4	9	3	8	5	1	6
2	6	8	1	4	5	9	3	7
1	3	9	2	7	6	4	5	8
5	4	7	8	9	3	1	6	2

#131

4	5	3	9	7	2	1	6	8
8	2	1	4	6	5	7	3	9
6	9	7	1	3	8	4	5	2
5	4	8	7	9	6	2	1	3
2	1	9	3	8	4	6	7	5
7	3	6	2	5	1	9	8	4
3	7	5	6	4	9	8	2	1
9	6	2	8	1	3	5	4	7
1	8	4	5	2	7	3	9	6

#132

9	8	3	5	4	7	1	6	2
4	2	7	6	1	3	5	8	9
1	6	5	8	9	2	4	3	7
8	1	4	7	6	5	2	9	3
2	7	9	3	8	4	6	5	1
3	5	6	1	2	9	8	7	4
5	9	8	2	7	1	3	4	6
6	4	1	9	3	8	7	2	5
7	3	2	4	5	6	9	1	8

#133

1	6	9	4	7	5	3	8	2
7	5	2	6	3	8	4	9	1
3	8	4	1	2	9	7	5	6
2	7	5	3	8	4	6	1	9
9	3	6	7	5	1	8	2	4
8	4	1	2	9	6	5	7	3
6	2	3	8	1	7	9	4	5
5	1	8	9	4	3	2	6	7
4	9	7	5	6	2	1	3	8

#134

6	1	7	3	4	5	8	9	2
8	9	4	2	7	6	5	3	1
2	3	5	9	8	1	6	4	7
7	5	1	6	3	4	9	2	8
4	8	6	1	2	9	7	5	3
9	2	3	7	5	8	1	6	4
3	4	9	5	1	7	2	8	6
5	7	8	4	6	2	3	1	9
1	6	2	8	9	3	4	7	5

#135

8	3	2	7	1	6	5	4	9
5	6	1	9	2	4	8	7	3
7	4	9	8	3	5	2	1	6
4	9	5	6	8	3	7	2	1
6	1	8	2	4	7	9	3	5
3	2	7	5	9	1	6	8	4
2	8	4	1	6	9	3	5	7
9	5	3	4	7	2	1	6	8
1	7	6	3	5	8	4	9	2

#136

5	6	1	7	8	3	2	4	9
2	9	3	5	1	4	8	6	7
4	8	7	2	6	9	5	1	3
7	2	9	1	5	6	3	8	4
8	4	5	3	9	2	6	7	1
3	1	6	4	7	8	9	5	2
6	7	4	9	2	5	1	3	8
1	5	2	8	3	7	4	9	6
9	3	8	6	4	1	7	2	5

#137

1	2	5	4	6	7	3	9	8
8	4	9	3	1	2	6	7	5
3	6	7	9	5	8	2	4	1
5	8	1	6	2	4	9	3	7
2	7	3	5	8	9	1	6	4
6	9	4	1	7	3	8	5	2
4	5	2	8	9	6	7	1	3
9	3	8	7	4	1	5	2	6
7	1	6	2	3	5	4	8	9

#138

5	3	6	4	9	2	1	7	8
2	9	8	1	7	3	5	6	4
1	4	7	8	6	5	2	3	9
3	6	1	9	5	4	7	8	2
9	2	5	7	8	1	6	4	3
8	7	4	3	2	6	9	1	5
4	5	2	6	3	7	8	9	1
7	8	3	2	1	9	4	5	6
6	1	9	5	4	8	3	2	7

#139

2	5	8	3	1	4	9	6	7
1	7	9	2	6	8	4	3	5
6	4	3	7	9	5	1	2	8
9	8	6	5	2	1	7	4	3
4	2	7	9	8	3	6	5	1
5	3	1	4	7	6	2	8	9
3	9	5	6	4	7	8	1	2
8	6	2	1	3	9	5	7	4
7	1	4	8	5	2	3	9	6

#140

9	3	2	1	4	5	6	8	7
7	4	6	9	8	3	1	2	5
1	8	5	7	2	6	3	9	4
5	9	8	4	1	2	7	3	6
2	7	3	6	5	9	8	4	1
6	1	4	8	3	7	9	5	2
4	5	9	3	7	1	2	6	8
8	6	1	2	9	4	5	7	3
3	2	7	5	6	8	4	1	9

#141

7	4	1	9	5	2	8	3	6
2	6	8	7	4	3	9	1	5
9	3	5	1	6	8	2	4	7
8	1	9	3	7	6	5	2	4
4	5	6	2	8	9	3	7	1
3	7	2	5	1	4	6	8	9
5	8	4	6	3	7	1	9	2
1	2	3	4	9	5	7	6	8
6	9	7	8	2	1	4	5	3

#142

2	1	5	9	8	6	3	4	7
7	4	8	5	1	3	6	2	9
3	9	6	2	4	7	8	1	5
9	8	3	6	5	4	2	7	1
4	6	7	3	2	1	5	9	8
1	5	2	7	9	8	4	6	3
6	7	4	1	3	5	9	8	2
5	2	1	8	6	9	7	3	4
8	3	9	4	7	2	1	5	6

#143

9	8	6	2	4	3	7	1	5
5	7	3	6	1	9	4	2	8
4	1	2	8	5	7	3	6	9
1	3	8	9	2	5	6	4	7
6	4	7	1	3	8	9	5	2
2	9	5	4	7	6	8	3	1
7	6	4	5	8	2	1	9	3
3	5	1	7	9	4	2	8	6
8	2	9	3	6	1	5	7	4

#144

1	2	8	5	4	6	3	7	9
7	9	5	8	2	3	1	6	4
6	3	4	9	7	1	8	2	5
9	1	3	4	8	2	7	5	6
4	5	6	7	1	9	2	8	3
8	7	2	6	3	5	9	4	1
5	8	7	1	9	4	6	3	2
2	4	1	3	6	7	5	9	8
3	6	9	2	5	8	4	1	7

#145

1	9	8	6	2	4	7	3	5
4	2	7	3	5	9	6	8	1
6	3	5	7	1	8	4	2	9
2	4	1	8	6	5	3	9	7
7	6	9	4	3	2	1	5	8
5	8	3	1	9	7	2	4	6
9	5	6	2	4	1	8	7	3
3	7	2	9	8	6	5	1	4
8	1	4	5	7	3	9	6	2

#146

1	9	2	3	4	7	5	6	8
8	4	6	9	2	5	3	7	1
7	3	5	6	8	1	4	9	2
6	1	4	5	3	8	7	2	9
5	7	9	4	1	2	8	3	6
3	2	8	7	9	6	1	5	4
4	8	3	2	5	9	6	1	7
2	6	1	8	7	3	9	4	5
9	5	7	1	6	4	2	8	3

#147

9	6	8	5	1	7	4	2	3
3	5	7	9	4	2	6	1	8
1	4	2	3	6	8	9	5	7
5	8	9	2	3	4	1	7	6
6	2	1	7	8	9	3	4	5
7	3	4	1	5	6	2	8	9
4	9	3	8	2	5	7	6	1
2	1	5	6	7	3	8	9	4
8	7	6	4	9	1	5	3	2

#148

7	4	9	1	5	3	2	8	6
1	8	2	4	7	6	9	5	3
6	3	5	2	9	8	1	4	7
8	5	6	3	1	9	7	2	4
3	2	7	6	8	4	5	1	9
4	9	1	7	2	5	6	3	8
5	7	8	9	4	1	3	6	2
9	6	4	5	3	2	8	7	1
2	1	3	8	6	7	4	9	5

#149

1	8	2	3	4	6	9	5	7
5	9	4	2	7	1	6	3	8
3	7	6	8	9	5	4	1	2
9	2	1	6	8	4	3	7	5
7	4	5	1	3	9	8	2	6
8	6	3	5	2	7	1	9	4
2	1	9	4	5	8	7	6	3
6	3	8	7	1	2	5	4	9
4	5	7	9	6	3	2	8	1

#150

6	9	2	4	1	5	7	8	3
1	8	4	6	3	7	9	5	2
5	7	3	8	9	2	1	6	4
3	6	7	9	2	8	4	1	5
4	5	8	1	6	3	2	9	7
9	2	1	7	5	4	6	3	8
7	4	6	3	8	1	5	2	9
2	3	9	5	7	6	8	4	1
8	1	5	2	4	9	3	7	6

#151

1	4	2	6	5	7	9	3	8
9	8	6	4	1	3	7	2	5
7	5	3	2	9	8	6	1	4
3	7	4	5	2	9	1	8	6
5	9	1	7	8	6	2	4	3
2	6	8	1	3	4	5	9	7
4	3	5	9	7	1	8	6	2
6	2	9	8	4	5	3	7	1
8	1	7	3	6	2	4	5	9

#152

9	5	1	7	4	3	8	6	2
7	6	3	8	2	1	4	9	5
4	8	2	5	9	6	1	7	3
5	7	8	1	6	9	2	3	4
6	1	4	2	3	5	7	8	9
2	3	9	4	7	8	6	5	1
1	9	7	3	8	4	5	2	6
3	2	5	6	1	7	9	4	8
8	4	6	9	5	2	3	1	7

#153

6	2	4	8	3	7	5	1	9
7	5	9	6	2	1	3	4	8
3	8	1	5	9	4	7	2	6
2	3	5	4	1	6	8	9	7
9	7	8	2	5	3	4	6	1
1	4	6	9	7	8	2	3	5
8	1	2	7	4	9	6	5	3
5	6	3	1	8	2	9	7	4
4	9	7	3	6	5	1	8	2

#154

4	5	7	8	3	9	1	2	6
9	2	3	1	5	6	7	8	4
8	6	1	4	7	2	3	5	9
5	7	4	6	1	3	2	9	8
2	1	8	5	9	7	6	4	3
6	3	9	2	8	4	5	1	7
3	9	5	7	4	1	8	6	2
7	8	2	9	6	5	4	3	1
1	4	6	3	2	8	9	7	5

#155

4	8	3	5	9	2	1	6	7
5	2	6	1	7	8	3	9	4
9	1	7	3	4	6	8	2	5
6	4	8	2	3	7	9	5	1
2	3	5	9	1	4	6	7	8
7	9	1	8	6	5	4	3	2
3	5	9	7	8	1	2	4	6
8	7	4	6	2	3	5	1	9
1	6	2	4	5	9	7	8	3

#156

3	1	9	4	8	6	2	5	7
8	5	2	1	9	7	6	3	4
4	7	6	5	2	3	1	9	8
5	6	4	9	7	8	3	1	2
9	3	1	6	4	2	8	7	5
2	8	7	3	1	5	9	4	6
7	9	8	2	5	1	4	6	3
6	4	5	8	3	9	7	2	1
1	2	3	7	6	4	5	8	9

#157

6	2	5	3	4	7	9	8	1
4	7	1	5	9	8	2	3	6
3	8	9	6	2	1	7	5	4
8	6	2	1	3	4	5	9	7
7	5	4	2	6	9	3	1	8
9	1	3	7	8	5	6	4	2
5	4	8	9	7	2	1	6	3
1	3	7	4	5	6	8	2	9
2	9	6	8	1	3	4	7	5

#158

7	3	6	8	9	2	5	1	4
2	5	9	1	4	3	6	8	7
1	8	4	5	7	6	3	9	2
5	7	2	9	6	1	8	4	3
6	4	3	2	5	8	1	7	9
8	9	1	4	3	7	2	5	6
3	1	7	6	8	9	4	2	5
9	2	5	3	1	4	7	6	8
4	6	8	7	2	5	9	3	1

#159

8	6	9	4	7	5	3	1	2
4	3	7	1	2	6	8	9	5
1	2	5	8	9	3	7	6	4
6	9	4	7	1	8	2	5	3
2	8	1	3	5	9	6	4	7
7	5	3	6	4	2	9	8	1
9	1	2	5	6	7	4	3	8
5	7	8	9	3	4	1	2	6
3	4	6	2	8	1	5	7	9

#160

3	6	9	8	4	5	2	7	1
7	4	8	1	2	6	3	9	5
2	1	5	3	7	9	8	4	6
6	9	2	7	1	4	5	3	8
5	3	4	9	6	8	7	1	2
1	8	7	5	3	2	9	6	4
4	7	3	2	8	1	6	5	9
8	5	6	4	9	7	1	2	3
9	2	1	6	5	3	4	8	7

#161

4	5	6	2	1	7	9	3	8
1	9	8	3	5	6	7	2	4
7	3	2	4	9	8	5	6	1
5	8	4	9	2	3	1	7	6
3	2	1	6	7	5	8	4	9
9	6	7	1	8	4	2	5	3
8	1	3	5	6	2	4	9	7
2	4	9	7	3	1	6	8	5
6	7	5	8	4	9	3	1	2

#162

9	4	5	8	6	3	2	1	7
7	6	2	1	5	4	9	3	8
8	3	1	7	2	9	4	6	5
1	7	3	4	8	2	6	5	9
2	5	8	6	9	1	7	4	3
6	9	4	3	7	5	1	8	2
3	1	7	2	4	8	5	9	6
5	8	6	9	1	7	3	2	4
4	2	9	5	3	6	8	7	1

#163

9	2	4	3	1	8	5	7	6
3	1	6	7	9	5	4	2	8
7	8	5	4	2	6	3	9	1
6	3	1	8	5	9	7	4	2
4	7	9	2	3	1	8	6	5
2	5	8	6	4	7	9	1	3
5	9	7	1	8	2	6	3	4
1	6	3	5	7	4	2	8	9
8	4	2	9	6	3	1	5	7

#164

9	6	2	3	5	7	1	8	4
8	5	3	2	1	4	7	9	6
7	4	1	8	6	9	2	5	3
4	9	6	5	3	2	8	1	7
2	3	7	4	8	1	5	6	9
1	8	5	9	7	6	3	4	2
6	7	8	1	9	3	4	2	5
5	2	9	7	4	8	6	3	1
3	1	4	6	2	5	9	7	8

#165

9	5	2	1	6	7	8	4	3
1	4	8	3	2	9	6	5	7
7	6	3	5	8	4	9	2	1
3	1	5	6	9	8	2	7	4
6	8	4	2	7	1	3	9	5
2	9	7	4	3	5	1	8	6
5	7	9	8	1	6	4	3	2
4	3	1	9	5	2	7	6	8
8	2	6	7	4	3	5	1	9

#166

5	9	7	1	4	2	3	8	6
3	4	1	8	6	7	9	2	5
8	2	6	9	3	5	4	1	7
2	1	4	5	7	3	6	9	8
6	3	5	4	9	8	2	7	1
9	7	8	6	2	1	5	3	4
4	6	2	7	1	9	8	5	3
7	8	3	2	5	4	1	6	9
1	5	9	3	8	6	7	4	2

#167

3	6	7	9	1	8	2	4	5
4	9	2	5	6	7	1	3	8
1	8	5	2	4	3	6	7	9
2	7	6	4	5	9	8	1	3
9	1	3	8	7	6	5	2	4
5	4	8	1	3	2	7	9	6
6	3	1	7	9	5	4	8	2
7	2	9	6	8	4	3	5	1
8	5	4	3	2	1	9	6	7

#168

3	4	2	5	8	1	6	9	7
1	7	8	3	6	9	2	5	4
5	6	9	7	4	2	8	1	3
6	1	5	4	2	8	7	3	9
9	2	3	6	5	7	1	4	8
7	8	4	1	9	3	5	6	2
8	5	6	2	3	4	9	7	1
2	3	1	9	7	6	4	8	5
4	9	7	8	1	5	3	2	6

#169

1	3	4	7	8	9	2	6	5
9	8	5	6	2	4	7	1	3
6	7	2	5	3	1	9	8	4
8	9	7	2	5	6	3	4	1
2	1	6	9	4	3	5	7	8
5	4	3	1	7	8	6	2	9
3	6	9	8	1	7	4	5	2
4	2	1	3	6	5	8	9	7
7	5	8	4	9	2	1	3	6

#170

3	1	2	5	4	6	7	9	8
7	9	4	8	3	2	1	5	6
5	6	8	1	9	7	4	3	2
9	7	6	3	2	5	8	1	4
2	5	1	4	6	8	3	7	9
8	4	3	9	7	1	6	2	5
4	2	7	6	5	3	9	8	1
1	3	9	2	8	4	5	6	7
6	8	5	7	1	9	2	4	3

#171

9	4	5	7	8	3	2	1	6
7	8	2	6	5	1	4	3	9
3	1	6	4	2	9	5	8	7
2	7	8	1	9	4	3	6	5
5	9	1	8	3	6	7	2	4
6	3	4	5	7	2	1	9	8
8	2	7	3	6	5	9	4	1
4	6	9	2	1	7	8	5	3
1	5	3	9	4	8	6	7	2

#172

2	7	5	6	1	9	8	4	3
4	9	6	2	3	8	1	5	7
8	1	3	7	5	4	9	2	6
7	8	4	3	2	1	5	6	9
1	5	2	4	9	6	7	3	8
6	3	9	5	8	7	4	1	2
9	4	7	1	6	2	3	8	5
3	2	1	8	7	5	6	9	4
5	6	8	9	4	3	2	7	1

#173

7	9	2	3	5	8	6	4	1
6	4	8	1	2	7	3	9	5
5	3	1	4	6	9	8	7	2
9	2	3	8	4	5	7	1	6
8	5	6	7	3	1	9	2	4
4	1	7	2	9	6	5	3	8
1	8	5	9	7	2	4	6	3
2	7	4	6	8	3	1	5	9
3	6	9	5	1	4	2	8	7

#174

9	3	4	6	1	7	5	8	2
1	2	5	8	9	4	6	7	3
6	8	7	3	2	5	9	1	4
8	7	1	5	6	2	4	3	9
5	6	3	4	7	9	1	2	8
4	9	2	1	8	3	7	5	6
3	5	9	2	4	1	8	6	7
7	1	6	9	3	8	2	4	5
2	4	8	7	5	6	3	9	1

#175

1	7	5	4	8	9	2	6	3
6	4	9	3	1	2	5	8	7
8	2	3	5	6	7	1	4	9
4	3	7	9	5	8	6	2	1
2	8	1	6	4	3	9	7	5
5	9	6	2	7	1	8	3	4
3	5	4	1	2	6	7	9	8
7	1	2	8	9	4	3	5	6
9	6	8	7	3	5	4	1	2

#176

1	3	5	8	9	2	6	4	7
4	6	2	5	3	7	1	9	8
7	9	8	1	4	6	5	2	3
3	5	6	9	1	4	8	7	2
2	1	4	7	8	5	9	3	6
8	7	9	6	2	3	4	5	1
5	4	7	3	6	8	2	1	9
9	8	3	2	5	1	7	6	4
6	2	1	4	7	9	3	8	5

#177

1	5	7	6	9	4	2	8	3
6	4	2	5	3	8	7	9	1
3	9	8	7	2	1	5	6	4
5	2	6	8	1	7	3	4	9
7	8	1	9	4	3	6	2	5
9	3	4	2	6	5	8	1	7
2	1	3	4	5	6	9	7	8
8	6	5	1	7	9	4	3	2
4	7	9	3	8	2	1	5	6

#178

2	7	6	5	8	1	3	9	4
5	8	3	4	6	9	7	1	2
4	1	9	2	3	7	6	8	5
1	3	2	9	5	4	8	6	7
6	4	5	3	7	8	1	2	9
8	9	7	1	2	6	5	4	3
3	6	4	7	1	2	9	5	8
7	2	1	8	9	5	4	3	6
9	5	8	6	4	3	2	7	1

#179

3	6	1	2	9	5	8	7	4
9	8	7	1	4	3	2	6	5
4	5	2	6	7	8	9	3	1
8	3	4	9	5	6	1	2	7
7	2	6	3	8	1	4	5	9
5	1	9	7	2	4	6	8	3
6	4	3	5	1	2	7	9	8
1	9	5	8	6	7	3	4	2
2	7	8	4	3	9	5	1	6

#180

3	5	8	1	9	6	4	2	7
4	7	6	3	2	5	8	9	1
1	2	9	8	4	7	5	3	6
8	1	5	7	3	2	6	4	9
7	3	4	9	6	1	2	8	5
9	6	2	5	8	4	7	1	3
6	4	7	2	1	9	3	5	8
5	8	1	4	7	3	9	6	2
2	9	3	6	5	8	1	7	4

#181

5	8	4	3	7	1	2	6	9
9	3	1	8	2	6	5	4	7
6	2	7	4	9	5	3	1	8
7	6	8	2	3	9	1	5	4
1	9	3	5	4	7	6	8	2
4	5	2	6	1	8	7	9	3
8	1	9	7	6	3	4	2	5
3	4	5	1	8	2	9	7	6
2	7	6	9	5	4	8	3	1

#182

6	4	5	7	3	1	9	8	2
2	7	1	5	8	9	6	3	4
9	8	3	4	6	2	1	5	7
3	1	6	2	5	8	4	7	9
8	9	2	3	4	7	5	1	6
4	5	7	9	1	6	3	2	8
5	2	8	1	9	4	7	6	3
7	3	9	6	2	5	8	4	1
1	6	4	8	7	3	2	9	5

#183

4	9	8	5	7	3	2	1	6
5	7	1	9	2	6	4	8	3
3	2	6	4	8	1	9	7	5
8	5	4	6	1	7	3	9	2
2	1	3	8	9	5	6	4	7
9	6	7	3	4	2	8	5	1
7	3	9	1	6	8	5	2	4
1	4	5	2	3	9	7	6	8
6	8	2	7	5	4	1	3	9

#184

6	1	3	7	2	9	5	4	8
9	8	4	6	5	3	1	2	7
7	2	5	1	4	8	9	6	3
2	6	7	5	9	4	3	8	1
3	5	1	8	7	6	2	9	4
4	9	8	2	3	1	6	7	5
5	4	9	3	8	2	7	1	6
8	7	6	9	1	5	4	3	2
1	3	2	4	6	7	8	5	9

#185

8	7	9	4	6	3	2	1	5
3	4	5	2	1	8	6	7	9
6	2	1	9	7	5	4	8	3
9	3	6	8	4	1	5	2	7
1	5	7	6	9	2	8	3	4
2	8	4	3	5	7	1	9	6
4	6	8	7	2	9	3	5	1
7	1	3	5	8	6	9	4	2
5	9	2	1	3	4	7	6	8

#186

8	3	2	4	1	5	7	9	6
4	7	5	9	6	8	3	2	1
6	9	1	2	7	3	5	8	4
5	6	3	8	9	7	1	4	2
9	1	4	6	5	2	8	7	3
7	2	8	1	3	4	9	6	5
1	5	9	7	2	6	4	3	8
2	8	7	3	4	1	6	5	9
3	4	6	5	8	9	2	1	7

#187

9	1	6	3	8	4	5	2	7
2	3	4	7	5	9	6	8	1
8	7	5	1	6	2	3	9	4
3	6	7	2	9	1	8	4	5
5	2	1	8	4	3	7	6	9
4	9	8	5	7	6	2	1	3
1	5	2	4	3	8	9	7	6
6	4	3	9	2	7	1	5	8
7	8	9	6	1	5	4	3	2

#188

8	4	5	3	1	7	9	6	2
7	2	1	6	9	8	3	5	4
9	3	6	5	4	2	8	7	1
3	9	7	1	2	4	6	8	5
2	6	8	7	5	9	4	1	3
5	1	4	8	3	6	2	9	7
1	5	9	4	8	3	7	2	6
6	8	3	2	7	1	5	4	9
4	7	2	9	6	5	1	3	8

#189

5	8	3	2	6	4	9	1	7
2	9	1	7	8	5	3	6	4
7	4	6	3	1	9	8	2	5
1	7	2	8	4	3	6	5	9
6	5	4	1	9	7	2	8	3
8	3	9	6	5	2	7	4	1
3	1	7	5	2	6	4	9	8
4	2	5	9	3	8	1	7	6
9	6	8	4	7	1	5	3	2

#190

4	3	1	9	5	8	2	6	7
7	2	9	6	1	4	3	8	5
5	6	8	3	2	7	4	1	9
9	4	7	5	6	3	8	2	1
3	1	2	7	8	9	6	5	4
8	5	6	1	4	2	9	7	3
1	9	5	8	3	6	7	4	2
2	8	3	4	7	1	5	9	6
6	7	4	2	9	5	1	3	8

#191

1	5	7	6	8	4	9	2	3
6	9	3	7	2	1	4	8	5
2	8	4	5	9	3	1	6	7
5	3	9	2	1	6	7	4	8
4	6	2	8	3	7	5	9	1
7	1	8	9	4	5	6	3	2
8	7	5	4	6	2	3	1	9
3	2	6	1	7	9	8	5	4
9	4	1	3	5	8	2	7	6

#192

8	3	9	6	4	7	1	2	5
4	2	7	3	5	1	9	6	8
5	1	6	8	2	9	4	7	3
9	4	8	1	7	3	6	5	2
1	7	5	4	6	2	8	3	9
3	6	2	5	9	8	7	4	1
6	9	1	7	3	5	2	8	4
2	5	4	9	8	6	3	1	7
7	8	3	2	1	4	5	9	6

#193

2	3	5	1	9	8	4	6	7
7	8	6	3	4	2	5	1	9
4	1	9	7	6	5	2	8	3
3	2	8	9	1	4	6	7	5
5	9	4	6	2	7	8	3	1
1	6	7	8	5	3	9	4	2
8	4	1	5	7	9	3	2	6
9	7	3	2	8	6	1	5	4
6	5	2	4	3	1	7	9	8

#194

2	7	6	9	3	4	8	1	5
1	5	9	2	7	8	4	6	3
4	8	3	1	6	5	9	2	7
9	2	8	3	1	7	6	5	4
3	6	7	5	4	9	1	8	2
5	4	1	8	2	6	7	3	9
8	1	2	7	9	3	5	4	6
7	3	4	6	5	1	2	9	8
6	9	5	4	8	2	3	7	1

#195

9	7	1	5	8	2	6	3	4
6	2	3	7	9	4	5	1	8
5	4	8	1	3	6	9	2	7
7	9	4	3	1	5	2	8	6
3	6	2	9	4	8	1	7	5
8	1	5	2	6	7	3	4	9
2	5	6	4	7	3	8	9	1
4	3	9	8	5	1	7	6	2
1	8	7	6	2	9	4	5	3

#196

4	5	6	1	9	2	7	3	8
3	7	1	6	8	5	4	9	2
8	9	2	3	7	4	5	1	6
1	3	4	7	6	8	2	5	9
7	2	8	5	3	9	1	6	4
5	6	9	4	2	1	3	8	7
2	4	3	9	1	6	8	7	5
9	8	7	2	5	3	6	4	1
6	1	5	8	4	7	9	2	3

#197

9	1	5	3	8	6	7	2	4
8	3	7	2	1	4	9	5	6
4	2	6	7	9	5	3	1	8
3	8	4	9	2	1	5	6	7
1	5	9	8	6	7	2	4	3
6	7	2	5	4	3	8	9	1
5	6	3	1	7	9	4	8	2
7	4	8	6	5	2	1	3	9
2	9	1	4	3	8	6	7	5

#198

4	5	7	9	6	3	8	2	1
9	2	8	7	5	1	3	4	6
1	6	3	2	4	8	7	5	9
2	4	6	1	8	5	9	3	7
7	3	1	4	2	9	6	8	5
5	8	9	6	3	7	4	1	2
3	1	5	8	7	6	2	9	4
8	7	2	5	9	4	1	6	3
6	9	4	3	1	2	5	7	8

#199

5	8	7	2	6	4	1	9	3
9	4	3	1	7	8	5	2	6
1	2	6	3	5	9	7	4	8
7	1	4	9	3	2	6	8	5
6	9	5	4	8	7	2	3	1
8	3	2	5	1	6	9	7	4
4	6	1	7	9	3	8	5	2
2	7	8	6	4	5	3	1	9
3	5	9	8	2	1	4	6	7

#200

1	5	8	3	4	2	6	9	7
2	9	4	6	5	7	3	1	8
3	6	7	9	1	8	2	5	4
4	1	3	8	2	5	9	7	6
8	2	9	1	7	6	5	4	3
6	7	5	4	9	3	8	2	1
7	8	1	5	6	9	4	3	2
9	3	2	7	8	4	1	6	5
5	4	6	2	3	1	7	8	9